新工科·普通高等教育系列教材

产品形态设计

贺莲花　成振波　阳耀宇　编

机 械 工 业 出 版 社

依据2020年教育部颁布的《普通高等学校专业目录及专业介绍》对工业设计专业和产品设计专业的人才培养目标和课程设置等要求，编者通过多年的教学实践，确定了本书的内容构架。本书主要内容有概述、产品基础形态创造、产品形态深化设计、产品形态的“限制”因素、产品形态创意与设计等。本书的编写思路清晰、案例丰富，采用理论与实践相结合的方式，特别是每章附有针对性训练专题，让知识点变得更易理解和掌握，并让教与学变得更加轻松。

本书既可作为工业设计专业（工科类）和产品设计专业（艺术类）的教材，也可作为汽车造型设计专业（方向）的参考用书。

图书在版编目（CIP）数据

产品形态设计 / 贺莲花，成振波，阳耀宇编 .—北京：机械工业出版社，2023. 7

新工科·普通高等教育系列教材

ISBN 978-7-111-73396-6

Ⅰ . ①产…　Ⅱ . ①贺…②成…③阳…　Ⅲ . ①产品设计—造型设计—高等学校—教材　Ⅳ . ① TB472

中国国家版本馆 CIP 数据核字（2023）第 115516 号

机械工业出版社（北京市百万庄大街 22 号　邮政编码 100037）
策划编辑：宋学敏　　　　责任编辑：宋学敏　何　洋
责任校对：薄萌钰　李　婷　责任印制：刘　媛
涿州市般润文化传播有限公司印刷
2023 年 10 月第 1 版第 1 次印刷
210mm × 285mm · 7.75 印张 · 169 千字
标准书号：ISBN 978-7-111-73396-6
定价：48.00 元

电话服务　　　　　　　　　网络服务
客服电话：010-88361066　　机　工　官　网：www.cmpbook.com
　　　　　010-88379833　　机　工　官　博：weibo.com/cmp1952
　　　　　010-68326294　　金　书　网：www.golden-book.com
　机工教育服务网：www.cmpedu.com

PREFACE

前 言

“产品形态设计”是产品设计和工业设计专业的基础课程，它是从学科基础课程通向专业课程的过渡，也是开启后续专业应用课程的门户。尽管课程名称听起来简单，但它实际涵盖了专业领域的各个方面，因此要掌握好这门课程并不容易。编者根据多年的教学经验发现一些学生在确立设计（创造、创新）概念的方法上存在问题。有些学生虽然了解方法，却无法将其与现实中的产品结合起来展开创新，在当前日益重视版权保护的背景下，“山寨”、仿制等不正确的产品设计方式的包容度变得很低。创新和创造源于细微之处，只有将创新方法深深植入人们的思维中，使其成为本能的一部分，才能在设计中创造出独具个人风格的作品。

作为教师，编者通过不断摸索、广泛阅读、交流和培训，拓宽了视野，深入理解了课程的任务和目标，并进行反思总结，最终形成了本书。

作为教材，本书是教和学的依据，体现了对应课程的教学目的和目标。本书中既有重点、难点，同时也涵盖了一定的知识面；既通俗易懂，又有一定的特点。编者希望通过恰当案例的详解，将知识点与设计实践相结合，以便于学生理解。同时，希望通过适当的练习和训练将所学知识应用于实际设计中，既有利于读者消化知识，也便于其提升应用能力。

编者期望本书呈现的是一种从易到难、从点到面的解决产品形态设计相关问题的方式。第1章概述产品形态设计的基础概念和理论；第2章产品基础形态创造，是从造型的角度来看怎么生成产品基础形态；第3章产品形态深化设计，是从产品功能、语义、审美等角度审视和进行产品形态的设计；第4章产品形态的“限制”因素，是从产品形态的最终实现来看设计的限制；第5章产品形态创意与设计，是从造型风格等角度进行产品形态创意。本书在内容的编排上和课堂及课后的练习中都采用了循序渐进的方式，尊重学习规律，有利于教学的顺利展开。

最后，编者想表达诚挚的谢意。编者不仅吸取了许多优秀著作和教材的养分，也从一些教育机构的课堂教学中获得了许多灵感。因编者水平有限，故书中疏漏之处，还望读者批评指正，在此我们诚挚地感谢!

编者

目录
CONTENTS

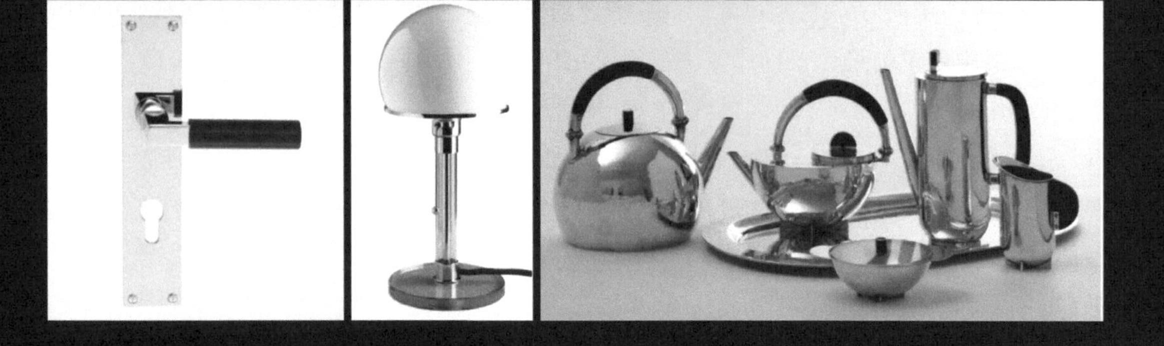

概 述

1.1 何为产品设计

1.1.1 设计

产品形态设计是产品设计的一部分，而产品设计又是设计学的一个分支。因此，若要认识产品形态设计，还需要先理解产品设计并认识形态。

1.1 何为产品设计

产品设计概念出现的时间并不长，人们原先所讲的工业设计、工业造型设计、工业产品设计，基本就是现在所说的“产品设计”。之所以用“基本”这个词，是因为随着社会的发展，“产品设计”及其设计内容可以更精确地概括这个设计分支。那么产品设计到底是什么？要想清晰地认识产品设计，还须从认知设计开始。

1.1.1 设计

关于设计，《现代汉语词典》里给出的解释是：在正式做某项工作之前，根据一定的目的要求，预先制定方法、图样等。这一概念极其广泛，如机械设计、工程设计、艺术设计等，而本书中所讲的设计仅指广义上的设计的一个分支——艺术设计。通过设计的英文单词“design”来追根溯源，可以发现“design”源于意大利文艺复兴时期所使用的词汇——“diesegno”。“diesegno”是指对视觉元素（色彩、线条、质感、空间等）的合理安排。由词源解释可以看到“设计”一词分为两部分：第一部分是对所见（视觉元素）有抽象归纳的能力；第二部分是对这些元素进行合理安排。“合理”不仅需要考虑到功能，还需要考虑到审美，以及人们的接受或使用等。因此，可以将“设计”理解为一个创造性的、合理的安排。

设计是从无到有，也是创造新的事或物的活动，即人类为改造自然和社会所进行的构思和计划，并将这种构思和计划通过一定的具体手段去实现的创造活动，其本质是创新。

1.1.2 产品

为了有针对性地研究和学习设计，包豪斯[⊖]的前辈们通过努力探索，将设计分化出很多类别，包括：针对平面的视觉传达设计等；针对人居环境的景观设计、建筑设计、室内设计等；针对人们使用物品的产品设计等，几乎覆盖人们生活的方方面面。那什么可以称为产品？

首先，需要区分物品与产品的概念。马克思曾经在《1844年经济学哲学手稿》中指出：“动物固然也生产，它替自己营巢造窝，例如蜜蜂、海狸和蚂蚁之类。但是动物只制造它们自己以及后代直接需要的东西，它们只片面地生产，而人却全面地生产；动物只有在肉体直接需要的支配之下才生产，而人类却不受肉体需要的支配时也生产，而且只有在不受肉体需要的支配时，人才真正地生产；动物只生产动物，而人却在生产整个自然界；动物的产品

⊖ 包豪斯，德语Bauhaus的音译，是“国立包豪斯学校”的简称。包豪斯是由沃尔特·格罗皮乌斯于1919年在魏玛创立的一所艺术学校，于1933年关闭。包豪斯是世界上第一所完全为发展现代设计教育而建立的学院，它的成立标志着现代设计教育的诞生，对世界现代设计的发展产生了深远的影响。如今，包豪斯风格几乎已经成为了现代主义风格的代名词。

（生产出的物品）直接联系到它的肉体，而人却自由地对待他的产品。动物只按照它所属的那个物种的标准和需要去制造，而人却知道怎样按照每个物种的标准来生产，而且知道怎样到处把本身固有的标准运用到对象上来制造。”由此可见人类造物和动物造物是完全不同的，动物出于本能生产自己所需的物品，而人类却是根据社会需要进行创造性活动，获得产品。**马克思将物品和产品区分开来，他指出被创造出来且满足社会需要的物品才是产品**（见图1-1）。

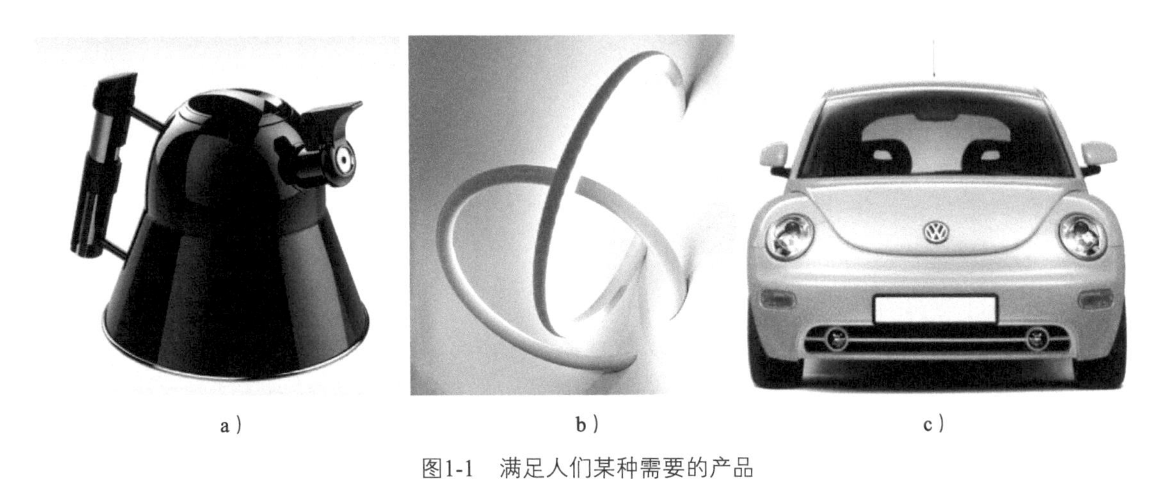

a） b） c）

图1-1 满足人们某种需要的产品

a）水壶 b）灯具 c）汽车

然而在当代社会，产品的概念更为广泛，它泛指能够提供给市场的、被人们使用和消费并能满足人们某种需求的任何东西，包括有形的物品、无形的服务。因此，人们经常会听到金融产品、理财产品和农产品等各种产品，而此处所讲的产品是指具有一定功能及一定实体的产品。**这里所讨论的产品是功能的物化载体**。顾客购买一个产品，实际是购买该产品所具有的功能和产品的使用性能，如汽车的代步功能，冰箱保存食物的功能，以及空调调节温度的功能等。

综上所述，本书所要讲解的**产品的概念是指被人们（批量）生产出来的具有一定功能的且能满足人们某种需要的物品**。

1.1.3 产品设计

在人类开启的工业时代诞生了“工业设计”这个新概念，但是随着社会和科技的发展，工业设计活动内容涵盖范围不断扩容，涉及面也不断增加。而作为工业设计活动的核心内容——产品设计，在社会经济和技术发展的背景下，设计的技术要求和审美需求也在不断提高。早在2012年，教育部颁布实施的《普通高等学校本科专业目录（2012年）》，就对产品设计与工业设计专业做了明确的划分。专业目录中，将“工业设计”专业保留在工学的机械类中，主要针对原授予工学学位的部分（理工类），原授予文学学位的部分（艺术类）则转入新增的艺术学门类下的设计学类，专业名定为“产品设计”。从学科专业角度出发，可以理解为“产品设计”是从“工业设计”中分离出来的，“产品设计”是艺术类招生，说明产品设计更看重学生的绘画基础及对形态、色彩的把握能力，以及形象思维和造型能力；而工业设计则看重理工类学生的逻辑思维能力，以及对技术结构、人机关系和用户研究的能力。

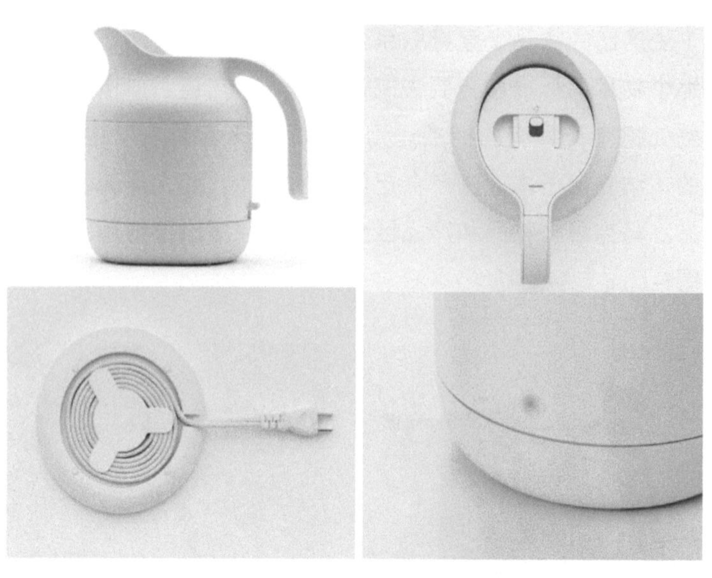

图1-2　MUJI（无印良品）电水壶（深泽直人）

再结合上文中对设计与产品的认知，可以认为“产品设计”是为了满足人们某种需求而进行一定功能的物化载体（物品）的设计，如图1-2所示。预制的计划和图样需要考虑以下方面：①人们可以批量生产它，以及实现它的相应生产技术、材料和工艺等；②产品的消费人群与成本；③预估使用者的理解和使用难易程度、情感接受情况等。

1.2　何为形态

形态，其实可以将形态拆分为“形”和“态”进行理解。“形”与英文单词“shape”相对应，指物体在一定视觉角度、时间、环境条件中体现出的轮廓和外貌特征，是物质客观、具体和理性、静态的，也是物体的二维外形轮廓，并不具有三维体积空间的特征。“态”与英文单词“condition”和“form”相近，指一种状态、姿态或姿势，它是物体不同层次、角度的“形”的总和——物体存在的现实状态，也是对物体整体、动态的感知和主观意识的把握，具有较强的时间感和非稳定性，并富有个性、生命力和精神意义。

根据上述分析，可以将“形态”简单理解为人们从物体的外观轮廓基础上的感知、认识到物体的形体和状态的总和。用专业术语来说，就是内在的性质、组织、结构内涵等本质因素上升到外在的表象因素，进而通过人的视觉所产生的一种生理、心理的过程。因此，形态就是物体的“外形、形式”与“神态”的结合。

形态与形状的最大区别在于形态加入了人对物体的感受、认知和情绪，或者说形态是在形状的基础上呈现出情绪（神态、情态），物体有了生命力。“内心之动，形状于外”和“形者神之质，神者形之用”指出了形与神之间相辅相成的关系。形离不开神的补充，神离不开形的阐释；无形而神则失，无神而形则晦，形与神不可分割。只有将形与神结合在一起，才能构成对事物科学的、完整的认知。由此可见，形态的创造，除了要有美的外形，还需要具备与之相匹配的“精神势态”，犹如中国历代水墨画家在创作中所追求的那种形神兼备的境界。因此，**对形态的研究包括形状和神态两方面的内容**。在“形”方面，需要考虑它是什么、有何用，即物形的识别性；而在“态”方面，需要考虑人对物态的心理感受，或称为物体的神态。

1.2.1 形态分类

世上的事物千姿百态、形态各异。在这些千变万化的形态中，有一部分是现实存在的，看得见、摸得着，也就是具象的，称为现实形态，如山川河流、动植物、城市建筑及生活产品等。而现实形态因为人的参与又可分为自然形态和人为形态两类。

另一部分形态则不能被人类直接感知，需要通过人类的大脑进行理解或者想象，即抽象的，称为概念形态，它是存在于人脑概念中的形态。因为概念形态是抽象的、非现实的，**所以用形象化的符号来代替它，而这种代表概念的、可感知的符号，**又可以称为抽象形态或纯粹形态。概念形态分为几何形态和符号形态两类，均不能被人类直接感知，须经过人类思维的理解才能被感知，如抽象的符号、几何图形等（见图1-3）。

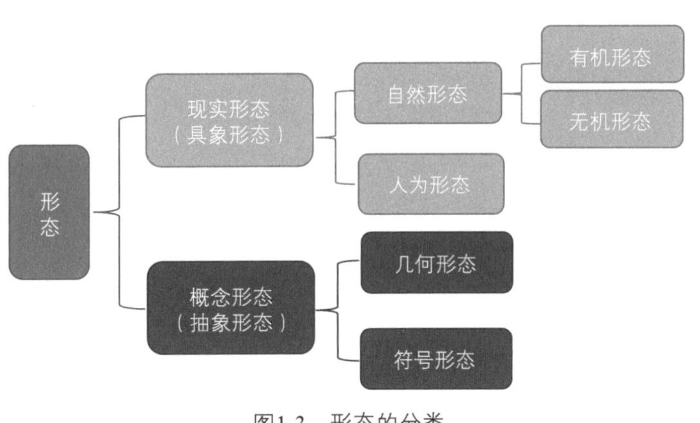

图1-3　形态的分类

1. 自然形态与人为形态

自然形态是大自然的杰作，从某种意义上讲，包括人类自身在内的大部分形态都属于自然形态，如高山流水、荒漠落日、花鸟虫鱼、雨后的彩虹及水滴的形状等，如图1-4所示。

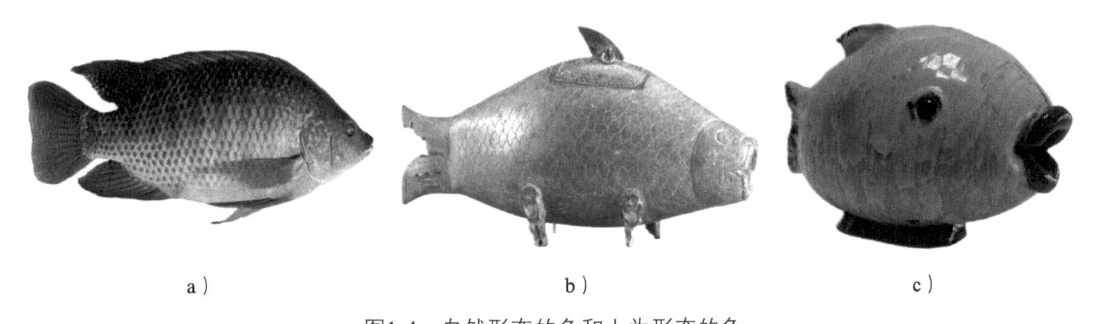

a）　　b）　　c）

图1-4　自然形态的鱼和人为形态的鱼

a）自然动物鱼　b）西周鱼形尊　c）雕塑家余洋的陶瓷作品《美人鱼》

“大漠孤烟直，长河落日圆”，正如古诗所描绘的那般，在自然形态中加入人为形态，可以创造更为丰富的景观。不仅如此，人类通过对自然形态的改造和利用，推进人为形态的完善，同时也造就了人类的文明。例如，参照海洋生物良好的流线体形，人们发明并改进了潜水艇的外形，使其速度增加、能耗下降。这种以自然界的生物为原型，通过深度剖析其形、色、音、功能、结构的特征等，并通过巧妙的设计手段，将这些特征原理应用到设计中去，来提升人工产品的某些性能，这种对大自然的学习借鉴就是仿生设计。其在产品形态设计方面的运用也是非常普遍的（见图1-5）。

图1-5　由自然形态演变而来的产品形态——大蒜形态的灯具

总之，人工产品的形态既受到大自然的启发影响，又有人类独有的特征，同时须兼顾产品各要素的关系，是一种相对复杂的体系。

2. 几何形态和符号形态

几何形态和符号形态属于概念形态，均与现实形态相对立。之所以称为概念形态或抽象形态，那是因为这些形态是通过人的大脑设想出来的，在自然形态中不存在这种形态。

几何形态就是几何学上的形体，它是经过精确的定义和计算所做出的形体，具有庄重、明快、理性等特性。**几何形态**是人们认识、分析形态的基础。几何形态作为形态的基础，有其共性，通常将几何形态分为两部分内容：直线系和曲线系。其中，直线系比较简单，无非是直线或折线；曲线系则分为自由曲线和几何曲线（数学曲线）。例如，用云尺所作的曲线就属于自由曲线；圆、圆弧、椭圆、抛物线等则为数学曲线，可以用数学公式进行定义。

在产品形态中，线形主要指形体的外轮廓或者分割时所产生的界线，这些外轮廓或界线通过运动所得的轨迹就是形态的面，面的围合就是形体，因此，研究纯粹的形态，其实际价值在于研究纯粹的面，以及面与面之间的组合、形与体之间的相互作用。

符号形态是对现实形态的一种抽象和概括，如图1-6所示。要想准确地理解符号形态，必须先认识符号。那符号是什么？每个物质对象，当它在交际过程中达到了传达关于客观世界或交际过程的任何一方的感情的、美感的、意志的等内在体验这个目的时，它就会成为一个符号，就是将一个事物（媒介）代表或者指代另一个事物的东西称为符号。简言之，所有能够以形象（包括形、声、色、味、嗅等）表达思想和概念的物质实在都是符号。从这个意义上讲，文字是符号，人体动作是符号，工具是符号，书画是符号，雕塑是符号，产品是符号……人生活在一个充满符号的世界，正因为人类创造了符号，才使得世界充满了意义，使人也可以理解丰富的、富有意义的世界。符号成为人认识世界和把握世界的一种手段，通过符号，人们可以进行思维活动，也可以传达信息和实现人际交往。

图1-6 符号形态

1.2.2 设计中的基础形态

为了便于研究，这里参照构成理论将形态归纳分解为简单、清楚的基础构成元素：点、线、面和体，以这些构成元素（形态）作为起点，可以探求形态创意的方法。无论是自然形态还是人工形态，都可以在去除非本质的东西后还原为上述基础形态或其组合。

值得注意的是，点、线、面、体基础形态间的区别是相对的。就产品形态的基本造型构成而言，其基础形态（点、线、面、体）与几何学中的点、线、面、体是有区别的。在几何学中，空间中的点是没有大小的，线是没有粗细的，面是没有厚度的，而体是没有质量的。也就是说，几何学中的基础形态其实只是一种概念上的形体。而造型设计中的点、线、面、体是客观存在的，都是**实体，并有具体形态。**

在二维平面中研究基本形态——最小的有机单位是一个点、一条线、一块面；在三维空间中研究基本形态——点元素、线元素、面元素和体元素这些基本形态元素都是视觉元素，在造型中的点、线、面、体元素就是设计的基本形态。只有在了解、掌握形态各要素的表现力后，才能对创造的新形态赋予一定的视觉语言，以表达人的感情。

1.3 产品设计与形态设计

一个好的产品设计不仅应该为人们的日常生活提供便利，还应该满足使用者心理上的需求，这就涉及产品的功能与形态两个重要构成元素。人们通过使用产品达到生活便利的目的，这也是产品的实用功能，而功能的载体就是产品的形态；要想满足使用者视觉及心理上的需求，也需要通过设计产品外观，即产品的形态来实现。所以说产品的形态设计是产品设计中最重要的一部分。

1.3.1 产品形态设计发展历程

自人类制造工具、发展生产以来，人类就没有停止过创造和完善形态的脚步。在原始社会，为了满足人类自身的生产和发展需要而制造的物品——原始工具，其形态已经体现了功能与形式之间的明确关系，如石器时代的石斧、石锄、陶器等。这些“造物设计”可以算是“产品设计”的最早起源。

进入奴隶社会、封建社会，随着生产力的不断发展，人们在满足物品的基本功能的需求下，增加了图腾和装饰，物品形态变得丰富和美观。例如，中国商周时期制作的青铜器——商晚期的青铜天黾觥就是贵族使用的酒杯（见图1-7）。这时的造物服务对象主要是王公贵族，在财富不断积累的过程中，这些手工打造的物品逐渐变得轻功能而重装饰。

到巴洛克时期、洛可可时期，物品的装饰功能到达了巅峰。该时期的物品更像是没有实用功能的艺术品，称为“手工艺品”。

19世纪，蒸汽机的发明给人类社会带来了新的契机。新技术的产生改变了物品的制造方式。这时批量生产出来的“物品”就是所说的“产品”。初期的工业产品因工艺粗糙、外观简陋，难登大雅之堂，而王公贵族仍在使用手工打造的“精美产品”。为了改善工业产品的造型质量并提高销量，工厂邀请艺术家对工业产品进行装饰，给产品增加各种夸张且没有实用功能的装饰造型。1851年，英国伦敦水晶宫博览会展示了当时欧美各国装饰复杂、功能简陋的工业产品。受此影响，现代设计先驱约翰·拉斯金与威廉·莫里斯在英国发起工艺美术运动，**倡导艺术与技术的结合**，反对过度装饰，为之后的现代设计运动奠定了重要基础，加上后来的新艺术运动与装饰艺术运动，都对**形式与功能的关系**做出了一系列探索，然而受时代背景限制，其探索或多或少有悖于历史潮流。

图1-7　商晚期的青铜天黾觥

1907年，芝加哥学派建筑师路易斯·沙利文提出“**形式追随功能**”，首次在设计上确立了功能与形式的主从关系，从此功能主义开始走上历史舞台。1919年，包豪斯学院成立，包豪斯打破了装饰美学与实用美学之间的对立，创造了工业设计时代的形态设计，其接受机械作为艺术家的创造工具，在办学期间设计了不少适于机器生产的工业日用品，并进行大规模生产。包豪斯在设计中以直线取代复杂的曲线，弱化民族特点和地域差别，其风格简洁朴素、结构严谨，讲究材料的实用性，同时提出“艺术与技术的新统一，设计以人为本为目的，功能至上、形态伴随功能”的基本观点（见图1-8）。包豪斯开创了面向现代工业的设计

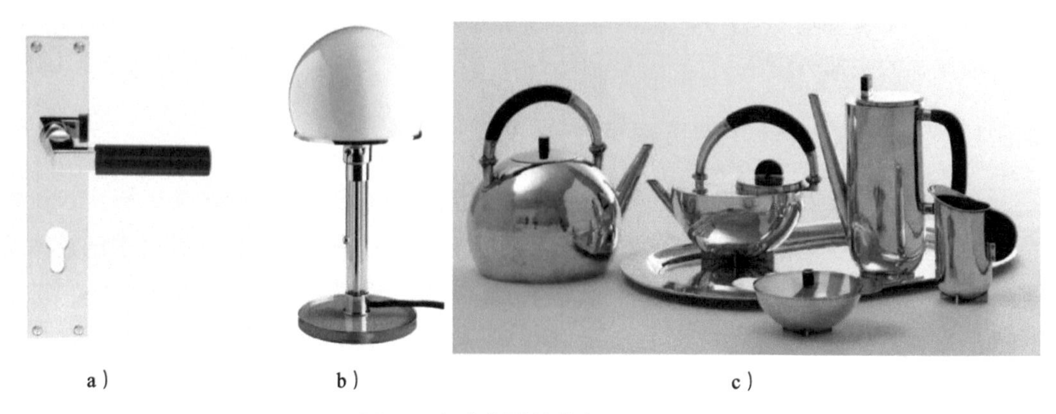

a）　　b）　　c）

图1-8　包豪斯设计的产品

a）工业型门把手（沃尔特·格罗皮乌斯）　b）包豪斯台灯（威廉·瓦根菲尔德和卡尔·雅各布·朱克）

c）茶具（玛丽安·布朗特）

方法，奠定了现代主义的工业产品设计的基本面貌。“形式追随功能”在20世纪相当长的时间内成为设计师工作的不二法则。技术与艺术相结合，重视产品功能，反对过度装饰，倡导设计为大众服务，这在当时是具有进步意义的。

两次世界大战对现代设计探索过程造成了很大阻碍，而在此期间，相对受战争影响较小的美国的设计行业迅速崛起。20世纪30年代的经济大萧条使美国经济遭受重创，民众购买力大幅下降，为了刺激消费，厂商开始着力于通过改变产品的外形来引领消费。通用汽车公司的设计师亨利·厄尔（Harley Earl）提出通过年度换型计划与有计划的设计废止制度[⊖]提高商品销量，其中的主要设计形式就是流线型风格[⊖]（见图1-9a）。因为流线型风格受到大众的欢迎，所以在一些不需要减小空气阻力的产品设计中也加入了流线型元素以提高销量，这是形式追随销售（市场）的典型示例。美国早期工业设计师如**雷蒙·罗维**及其事务所所做的一系列设计，**雷蒙·罗维提倡“简洁和功能并重的美感”**，也是通过外形设计来提高销量的。如图1-9b所示，罗维设计的冰点冰箱具有简洁流线。

a）　　b）　　c）

图1-9　战后美国的产品

a）亨利·厄尔设计的流线型汽车及效果图　b）罗维设计的冰点冰箱　c）菲利普·斯塔克设计的外星人榨汁机

20世纪60年代，在战后出生的一代人成长为社会消费的主体。他们的生活富足且没有战乱，因而对消费品的需求也不再局限于满足功能，反而更倾向于个性表达。同时，经过包豪

⊖ 有计划的废止制度又称为有计划的废弃制度，它是由20世纪五六十年代在美国通用汽车公司担任总裁的斯隆和设计师亨利·厄尔提出的。这两人主张在设计新的汽车式样时，必须有计划地考虑后续几年不断更换部分设计，基本形成一种制度，使汽车式样至少每两年一小变，每三四年一大变，造成有计划的式样老化过程称为有计划的废止制度。这是一种不断改变设计式样造成消费者心理老化的过程，其目的是促进消费者为追求新的式样潮流而放弃旧式样、改换新式样的积极市场促销方式，可使企业获得巨大利益。

⊖ 流线型风格是20世纪二三十年代流行于美国的造型风格，最初源于空气动力学，流线型设计能减小空气阻力，因而被广泛应用于汽车设计领域。

斯大师们的发展，功能主义在与美国消费社会融合的过程中，密斯·凡·德·罗的“少就是多”的口号将现代主义推向形式主义的极端，“形式追随功能”原本提倡重视功能而使造型简洁，却发展为追求简洁造型，甚至可以忽略功能。

从20世纪60年代开始的一系列设计运动，包括后现代主义、孟菲斯学派、波普运动、新现代主义等，都在倡导设计中的情感因素与个性表达，青蛙设计公司的口号**“形式追随激情”**确立了情感因素在设计中的地位。过去“形式追随功能”的口号已不再适用，在新时期取而代之的是“形式和功能共同实现梦想”。其中的梦想指用户的个体需求或者用户在使用过程中所达到的自我实现价值。菲利普·斯塔克设计的外星人榨汁机（见图1-9c）在榨汁性能上的表现并不出色，但是人们在使用过程中的情感体验能被凸显出来，甚至有很多人只把它当作装饰品，或者成为人们交谈的话题，从而使其成为一件经典作品，产品的艺术功能变得越来越明显。

“形式追随功能”是从本能层面和行为层面对设计进行约束，“形式追随激情”则是从反思层面给设计赋予新的内涵，即产品除了形态好看、好用，还应是因某种情感因素而让客户希望拥有的，这也正是“形式追随销售”所倡导的商业目的。

工业设计因商业竞争而发展，“形式追随销售”似乎是工业设计的最高原则。然而美国设计理论家维克多·J·帕帕奈克在20世纪70年代就提出了为不发达地区设计、绿色设计等前瞻思想，设计除了商业目的，还应具有相当的社会责任。例如，2020年的东京奥运会奖牌，为了倡导绿色环保主题，就是以回收的废旧手机和小型家电中的贵金属为原材料制作而成的（见图1-10）。

图1-10　2020年的东京奥运会奖牌

在交互设计日渐兴盛的当下，“功能”和“情感”都已上升为“体验”，无论实体产品还是虚拟产品，良好的用户体验必将包含功能因素和情感因素，自然也会有很好的销量。正因如此，人们讨论的产品的“形式”逐渐被产品形态所代替。

1.3.2　产品形态的设计

从产品形态设计的发展历程看，产品形态的设计范畴已经超越原有的——只是对产品的外观进行产品造型设计的范畴，设计需要照顾购买者感情需求，需要考虑使用者的使用过程是否有轻松愉悦的体验……正如刘观庆和张凌浩在其所作《技术与生活的桥梁》一文中所述：“工业设计的核心领域是产品设计。工业设计师从社会、经济、技术、艺术等多种角度对批量生产的工业产品的功能、材料、构造、形态、色彩、表面处理、装饰等要素进行综合性设计，创造出能够满足人们不断增长的物资需求和精神需求的新产品。”因而“形式”就演变为“形态”。针对产品的形态设计的“形态”一词是由“形”和“态”组成，这比单纯的“造型”“形式”词意更广，“形态”将人们对产品外观的精神层面需求也可以表达出来。产品形态设计能更综合、更准确的涵盖产品造型，以及产品造型所需呈现出的状态、风格等，这也许就是“产品形态设计”的来历。

在把产品设计定位具体到实现的过程中（即设计构思）是设计师充分发挥自身优势及特长的阶段，也正是在此过程中，设计师将自己对目标消费者的了解、产品的技术限定，通过塑造构思草图表达出来，并寻找其中的最佳结合点。这是一项十分艰难的工作。正所谓“只有更好，没有最好的真谛”。产品的形态是设计师的最后成果，它必然综合了各方面的因素：从使用者、生产者和销售者等的角度进行了最佳的权衡和控制。产品形态是工业/产品设计的最终视觉呈现。

产品形态作为传递产品信息的第一要素，它能使产品内在的质、组织、结构、内涵等本质因素上升为外在表象因素，并通过视觉使人产生一种生理和心理过程。这一过程与感觉、构成、结构、材质、色彩、空间、功能等密切相联系的。“形”是产品的物质形体，对于产品造型是指产品的外形；“态”则指产品可感觉（感知）的外观情状和神态，也可理解为产品外观的表情因素。

对于设计师而言，其设计思想最终会以实体形式呈现，即通过创意视觉化，用草图、示意图、结构模型及产品实物形式进行表现，达到再现设计意图的目的。因此，从一定意义上讲，产品设计可以是作为艺术造型设计而存在和被感知的一种“形式赋予”的活动。形的建构是美的建构，而产品形态设计又受到工程结构、材料、生产条件等多方面的限制，当代设计师只有在更高层次上对科学技术和艺术进行整合，才能创造出可变而多样化的产品或创意。设计师通常利用特有的造型语言进行产品形态设计，并借助产品的特定形态向外界传达自己的思想与理念。设计师只有准确地把握形和态的关系，才能求得情感上的广泛认同。

对于消费者而言，其在选购产品时也是通过识别产品形态所表达的信息内容来判断和衡量与其内心所希望的是否一致，并做出购买的决定。

对于初学者而言，产品形态设计需要用理性的逻辑思维来引导感性的形象思维，以提供问题的解决方案为标准，不可天马行空地任意发挥。既需要形态设计满足产品的功能、使用要求，也需要明确产品形态是美的，这里的美不仅是一种视觉感受，更是一种舒适愉悦的体验，而这种愉悦又体现在产品上和与用户的交互过程中。

1.3.3 案例分析：汽车形态设计演变

工业产品出现的这一百多年，正是人类社会经济快速发展的一百多年。随着人们认知的不断扩展，生活日益丰富，生活中的产品也变得多种多样，它们能够满足人们生活学习的方方面面。随着生产力的提升、科学技术的进步及人们需求的变化，产品形态也在不断更新迭代，那其是否有规律可循？这里以典型的工业产品——汽车为例，探讨一种产品形态演变的原因及特点，见表1-1。

表1-1　汽车形态设计演变案例分析

车型	代表车型介绍
1. 第一辆四轮汽车	1886年德国人戈特利布·威廉·戴姆勒制造的第一辆四轮汽车
	由四轮马车改装而成，装有转向、传动装置，车速可达14.4kW/h； 汽车造型比较简陋，大部分汽车部件都裸露在外
2. 马车型汽车	 1908年由美国福特汽车公司制造的T型车
	造型新增风窗玻璃； 对发动机等加装外壳； 加装车灯； 转向系统升级为转向盘； 车轮变厚实，车轮上方有挡泥盖板
3. 箱型汽车	1936年款雪佛兰Suburban
	外形类似于一个大箱子，装有门和窗，因而称为“箱型汽车”； 箱型汽车运用人体工程学，其内部乘坐空间大，舒适度提高不少； 箱体造型使汽车行驶中的空气阻力增大，对汽车的动力和速度均造成较大影响

（续）

车型	代表车型介绍
4. 甲壳虫型汽车	甲壳虫汽车
	流线型的车身设计是认识到空气阻力重要性的结果。汽车的空气阻力，除了与迎风面积和车速有关，还受到汽车纵剖面形状的影响，越是流线型的汽车，其正面阻力和后面涡流越小； 流线型的车身牺牲了驾乘人员的活动空间，底盘较高和侧面前高后低的阶梯造型使汽车在对抗横向风时无法拥有足够的稳定性
5. 船型汽车	福特V8型汽车（1949年）
	船型汽车采用汽车车室置于两轴之间的设计方法（可降低车身），从外形上看，整车像一只小船，因而称为“船形汽车”。船形汽车的外形、性能优于甲壳虫型汽车，并能较好地解决甲壳虫型汽车对横向风不稳定的问题； 由于车体尾部过长，形成了阶梯状，在汽车高速行驶时会产生较强的空气涡流，进而影响车速的提高
6. 鱼型汽车	别克轿车Buick Wallpaper（1950 年）
	复杂曲面构建的流线型车身和银光闪闪的镀铬装饰让汽车变得时尚； 汽车后窗部分倾斜，克服了船型汽车尾部在高速行驶时产生空气涡流的影响，因而形成斜背式，背部像鱼脊背，故称为“鱼型汽车”
7. 鱼型鸭尾式汽车	保时捷911（1972年）
	针对鱼型汽车后窗玻璃倾斜度大，对抗横向风的不稳定性比较突出的问题，在鱼型汽车的尾部安装一个翘起的“鸭尾”，以克服部分升力，这就是鱼型鸭尾式车型

（续）

车型	代表车型介绍
8. 楔型汽车	Studebaker Avanti 阿本提轿车（1963年）
	将车身整体向前下方倾斜，车身后部像刀切一样平直，这种造型能有效地克服升力； 因为是赛车，首先考虑空气动力学等问题对汽车的影响，乘坐的舒适性则作为次要问题考虑
9. 经济实用型	丰田卡罗拉（1966年）
	作为迄今为止，全球累计销量最高的一款车型，该车在颜值、动力和内饰上并不是最突出的，但其在经济、节油和耐用方面的综合表现却非常突出，故被消费者选购作为家用车； 此类经济实用型汽车多采用船型和楔型相结合的设计理念，较好地协调了乘坐空间、空气阻力和升力的关系，使实用性与汽车行驶性能更好地结合
10. 新能源汽车	保时捷的Taycan电动汽车
	车身造型一方面注重延续/塑造品牌的基因，另一方面追求减小空气阻力，以做到更大限度的节能环保，车身线条简洁流畅，门把手设计为隐形把手； 该车在空气动力学方面的追求也达到了极致，其风阻系数为0.22，车轮设计也符合空气动力学要求

由表1-1可知，车身外观形态经历了从马车型、箱型、甲壳虫型、船型、鱼型到楔型的漫长演变过程。汽车形态演变的每个时期都让汽车性能得到了提升，同时也让汽车美学得到了发展。现在的汽车外观造型不仅充分考虑了机械工程学⊖、人机工程学和空气动力学等技术方面的因素，也充分考虑了消费者的审美和情感需求，在汽车的“态”上面下足了功夫。

汽车形态的演变涉及多方面因素，既受到科学技术和经济的发展限制，以及消费人群的消费理念影响，还需要考虑人们变动审美和需求的变化等。从表1-1可以看到，从第一辆汽车

⊖ 机械工程学要求汽车的动力性和操纵稳定性都好，并要兼顾耐用性，因而需要考虑发动机、变速器内部结构的设计问题。

到量产（第一阶段），设计者所做的是对复杂机械结构进行包裹，正如雷蒙·罗维为宾夕法尼亚铁路公司设计的GG-1型电力机车，他利用 GG-1的焊接外壳消除了数以万计的铆钉，从而改善了机车外观，简化了维护工作并降低了制造成本。

在第二阶段，随着技术的进步，汽车的速度不断提高，箱型汽车使驾乘人员在高速行驶中的安全性和舒适度提高不少。

在第三阶段，当汽车的速度和安全性能要求不断提高时，汽车又成为人们改善生活和追逐时尚的符号，其形态变得夸张并在不断优化。

第四阶段是经济实用的概念出现在汽车行业。在该阶段，汽车被更多人消费，实用、舒适、节能成为更多消费者的诉求，汽车回归其本质功能——作为交通工具为人们带来安全和便利，外形并不出众的日系车以其节能、经济、耐用而被更多的人选购。此外，各种汽车品牌在竞争中不断升级，形成了自己的造型语言，而汽车形态在符合科技发展的前提下，呈现出丰富的状态。

在第五阶段，也就是当下，对于汽车的节能减排要求变得更高，而新能源汽车在低碳和AI（人工智能）技术的支持下，逐渐进入人们的视野。以特斯拉为代表的新能源汽车针对节能设计了更科学的车身形态，车身线条也变得更简洁、流畅。目前，我国涌现出一大批新生汽车厂商，无论是从外观还是技术等方面，它们都在诠释着汽车未来的发展方向。

本章训练⊖

课题训练——产品形态演变的调研

课题名称：解读产品形态演变趋势

训练目的：通过收集资料和调研，了解产品形态设计受到多种因素制约和影响。

内容要求：参考本章中汽车形态设计演变案例，选择一种产品，用其产品形态发生变化的图片（5~8张）来分析导致其形态的演变因素。

①对产品形态演变中的产品进行手绘表达（演进5~8张）。

②将收集的产品形态演变图片进行整理，尝试用文字阐述产品形态演变的原因（受功能需求变化及新的科学技术、材料、结构和时代审美等的影响）和形态变化的特点。

提交要求：①以报告方式，图文并茂地呈现产品形态演变图片和原因。

②文件建议使用Word编辑，然后存为PDF格式，并在线提交。

评价依据：①产品选取是否合理，产品形态演变脉络清晰。

②形态演变原因分析得当。

③手绘表达准确。

练习时长：2学时。

⊖ 本书中章后的训练有课题训练和课题设计两种形式。课题训练是针对性的训练和练习；课题设计为综合性练习，考查的是知识的综合运用能力。

第2章

产品基础形态创造

无论是自然形态还是人工形态，都可以将其理解为无数基本形态的组合。在重构或创造形态时，会使用点、线、面和体这些基本形态元素组合构成新的形态。在前期基础专业课程中，如平面构成、色彩构成、立体构成等课程中就有专门针对该方面的训练。

产品基础形态的创造是迈进产品形态设计的第一步。产品基础形态创造与设计是连接形态构成和产品形态设计的桥梁，也是形态构成的延伸、产品形态设计的基础，还是提升产品形态原创性最重要的一种手段。本章主要介绍利用计算机原理的造型方法、平面到立体的造型方法和基础形态组合的造型方法来创造新的产品基础形态，然后将获得的产品基础形态进行变形、优化以获得更合理、丰富的产品形态的过程。

2.1 产品基础形态的造型方法

人们创造形态（绘制草图）的过程，一般都是从大的、整体的、简单的形态开始，不断进行深化、细化，直到得出最后想要的形态。产品基础形态的创造正是遵循这一思路，从简单的、大的形体关系入手，这一过程就是创造简单形态的过程。尽管只是创造了简单形态，但它是一个从无到有的过程。运用简单的点、线、面等元素，通过一定的规律排列及组合生成想要的形态，并达到一定的目的。

2.1.1 计算机辅助设计的基本造型方法

随着现代计算机技术、计算机图形学的迅猛发展，计算机辅助设计（Computer Aided Design，CAD）成为现代工业设计的重要手段。因为计算机辅助设计不仅能缩短产品设计的周期，还能提高设计质量，加快产品开发的进程，使设计者、用户融为一体，进而设计出满足市场需求的产品。计算机辅助设计成为工业设计、产品设计专业的必修课。作为产品设计专业课中专门针对产品造型方面的课程，产品形态设计在造型训练中通过使用计算机辅助设计的造型方法进行产品的形态创意训练，从而使创意的形态与后续的虚拟展示更容易衔接，设计方案最终呈现的质量也更高，并帮助设计者在创意草图阶段获得更全面、更具立体和空间的意识。在利用计算机辅助设计进行造型时，可以让设计者的创意和产品的建模思考方式一致。

下面主要介绍4种计算机辅助设计造型方法：拉伸成型、放样成型、旋转成型及多曲面闭合。这些方法可以构建一个新的形体，用这个新的形体作为产品的基础形态，为后续产品形态设计奠定良好的基础。

1. 拉伸成型

在设计产品造型时，一个特定的元素或者二维图形向一个特定的方向水平移动，流线的轨迹所产生的形态称为拉伸成型，如图2-1所示。拉伸是指在基本形体的基础上，按照一定的方向，如横向、纵向、倾斜等进行拉伸或延长，由基本形产生新的几何状形态。例如，在定义线时，通常会说点移动形成线，相当于线就是点按照一个特定的方向水平移动，点所移动的轨迹就形成了线。

在产品形态的创造过程中，基本形可以是点、线、面及长方形、正方形、圆、椭圆等常规的几何图形，也可以是自己设计的相对简洁的图形。这些图形通过拉伸成体，就可以作为产品的基础形态，在这一基础上结合产品的功能（提、握、储物、坐、挂等特定物理功能），通过深入细化即可获得新的产品造型。

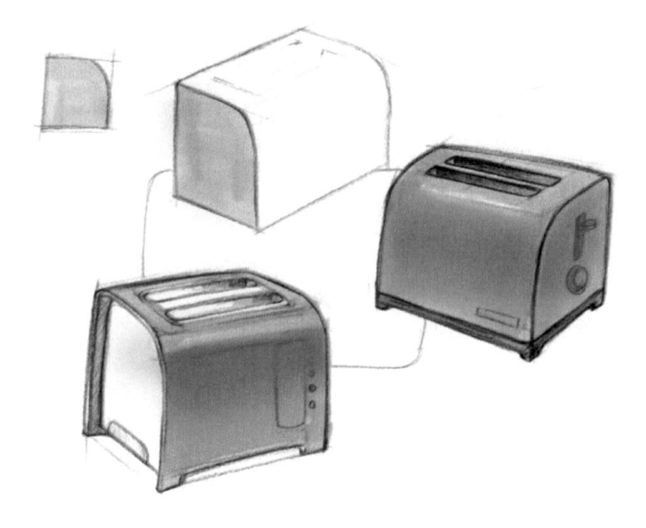
图2-1　拉伸成型

图2-2所示的三款产品的基础形态的塑造就是采用将几何图形进行简单拉伸成型的方法，利用这个基础形态结合其功能进行再设计和完善，即可获得不错的产品造型。

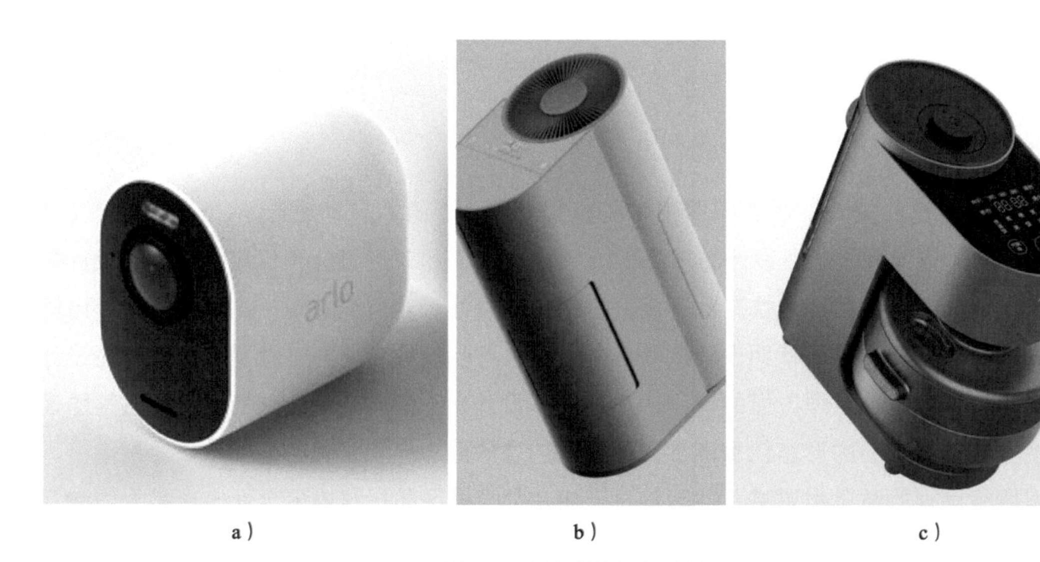

a）　b）　c）

图2-2　拉伸成型的产品形态

2. **放样成型**

在造型时，一个特定的元素或者二维图形向一个特定的路径有节奏、有规律地移动后所形成的形态称为放样成型。放样可以算是一种变形拉伸，在放样成型的过程中，不仅可以通过**变化移动的轨迹**（**直线轨迹、曲线轨迹**）得到不同的形态，也可以在移动过程中将原二维图形进行收缩（**放大或缩小**）以得到变化的、新的形态，还可以进行渐变形的放样（如从圆形放样到矩形）。当在放样成型的过程中加入了上述变化后，就可以获得丰富的产品基础形态（见图2-3），从而为后续进行产品形态设计奠定了基础。

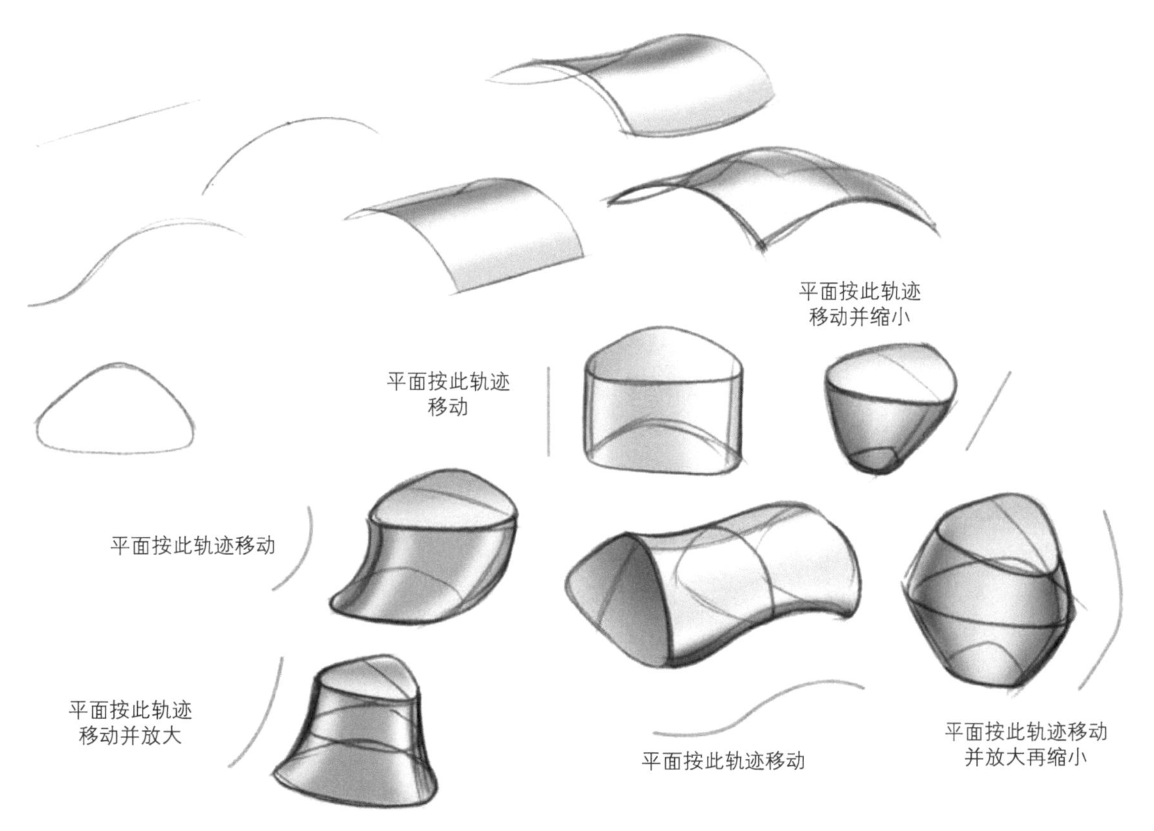

图2-3　利用放样成型生成的基础形态（选自设咖工场的课程教学资料）

注：设咖工场为作者学校课程资料名称，后同。

由图2-4所示的产品形态可以看出，通过放样成型塑造的产品形态因为加入了曲线轨迹或其他变化，产品形态变得更丰富。

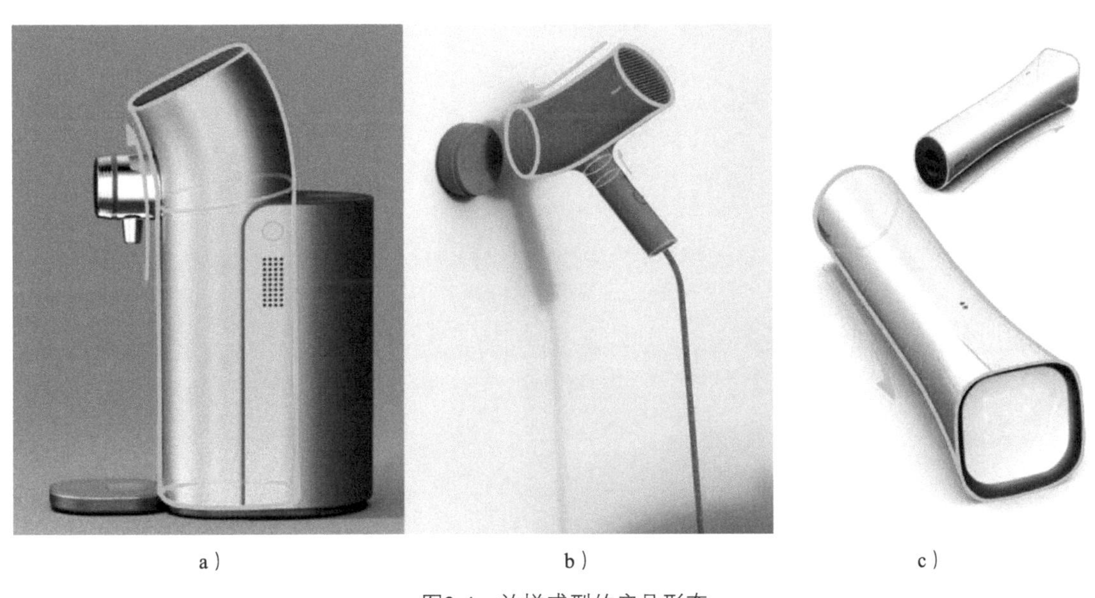

a）　　b）　　c）

图2-4　放样成型的产品形态

注：c图为放样成型之渐变变形。

3. 旋转成型

旋转成型是计算机成型方法中非常重要的成型方法（见图2-5）。在设计产品造型时，特定的曲线或图形沿特定路径或以轴线为中心旋转移动，移动的轨迹形成形体，这种成型方式称为旋转成型。日常生活中的水杯、碗、盘等餐具大部分都可以使用该种成型方式塑形。如图2-6所示，通过旋转成型塑造的产品形态更显简洁、整体。

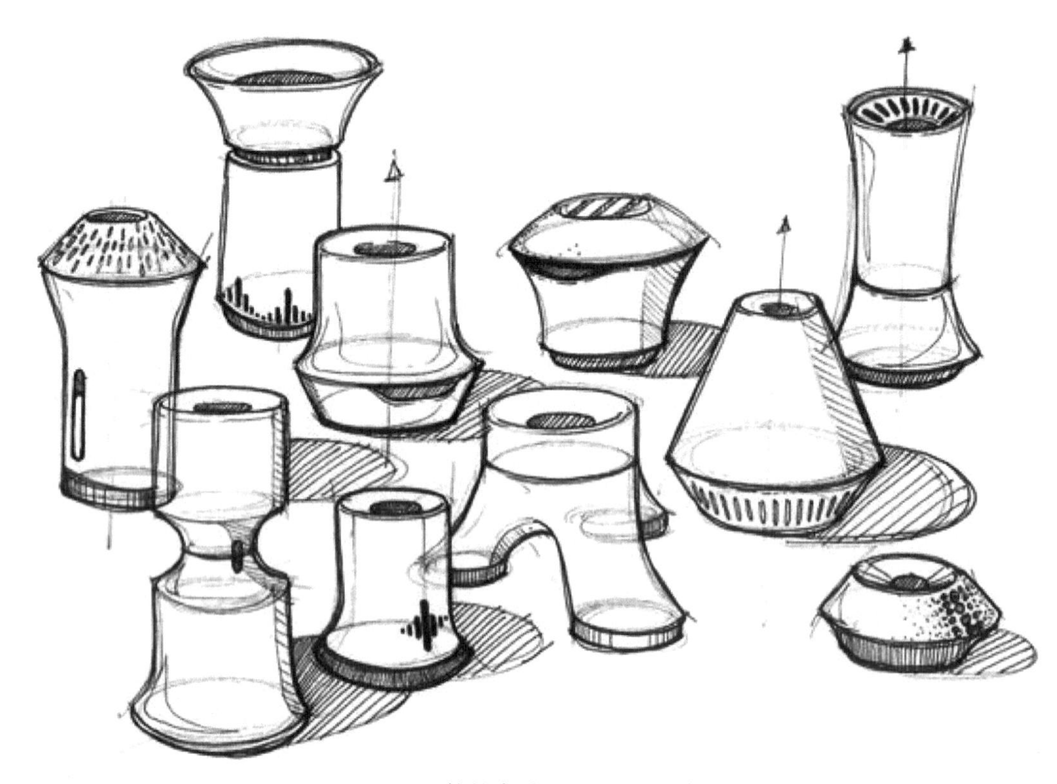

图2-5　旋转成型的产品基础形态

a）

b）

c）

图2-6　旋转成型的产品形态

4. 多曲面闭合

多曲面闭合成型是指两个及以上的曲面（或平面）围合成一个封闭的形体的成型方式。多曲面闭合成型主要分为两种情况：①当两个曲面在不同位置闭合时，形成的形态是不一样的；②两个曲面形态确定、位置确定，其衔接闭合部分处理不同也可生成多个形态。如图2-7和图2-8所示，由曲面闭合产生的基础形态运用于产品形态的设计可以塑造丰富的产品形态。

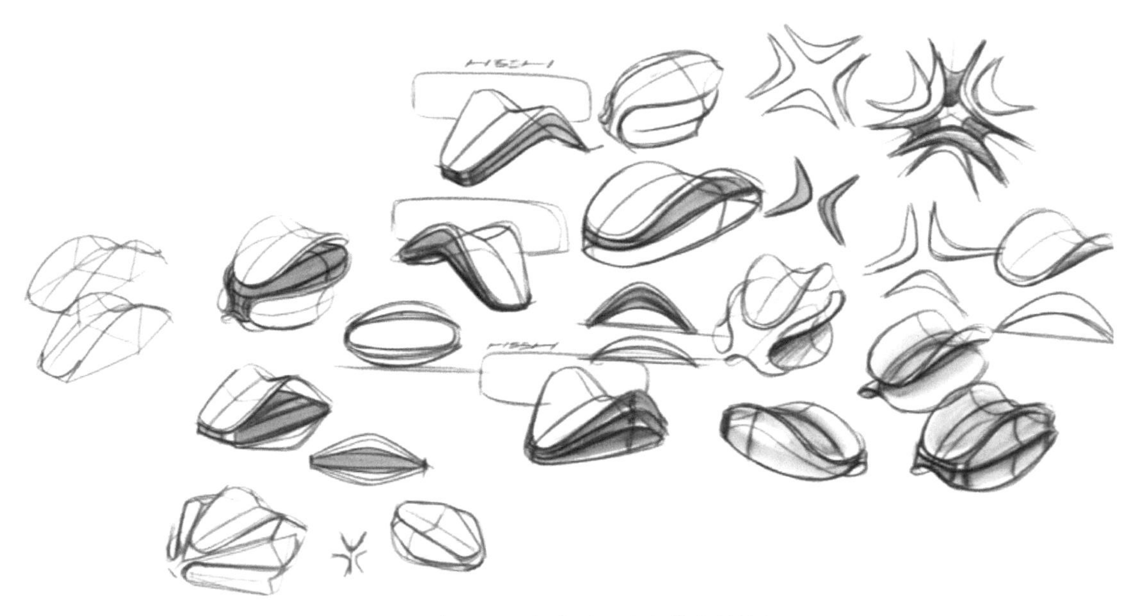

图2-7　多曲面闭合成型（选自黄山首绘）

注：黄山首绘是专注于工业、产品设计教育的微信公众号，后同。

图2-8　多曲面闭合成型的产品形态

2.1.2 从平面到立体的造型方法

现实世界的空间是三维的，人脑不仅可以将看到的三维空间描绘到二维的纸面上，还可以将绘画中的二维图像想象成三维的，甚至可以通过部分想象还原完整图像，这是人的意识对客观对象能动的反映。而在产品造型设计中，有一种重要方法就是将二维的图像或平面材料转化为三维的实体。

在二维转三维的训练中，一般是从平面开始，到半立体，再从半立体进入立体、空间场所。这是从简单元素到多元素，再到复杂的多元素训练。正如在构思产品形态的过程中，先使用平面草图开始勾画，完善后再进行三维建模的再创造，最后由数字模型转为实体模型，得到立体形态。这里使用“再创造”一词，是因为上述过程充满了太多不确定的因素。例如，有些产品设计草图很漂亮，但无法做出完整的产品形态，问题就出在从平面到立体形态转化的过程中；还有很多从草图预期形态到最后形态效果差距很大的情况，问题也出在这一过程中。因此，本节主要从平面到立体的过程进行分解学习，从而使设计草图阶段的构想能更完整地转化为产品形态。

本节涉及的训练形态构思的方法包括平面视图立体化和平面材料立体化两种。

1. 平面视图立体化

一个立体的形态在平行光线的照射下都会投影一个平面图形，而根据这一投影的平面图形可以生成无数的立体形态，如图2-9所示。值得注意的是，同一视图可以生成无数个、不同感觉的立体形态。平面视图具有易于绘制与推敲、易于理解和沟通，更利于设计的演绎的特点。因此，在计算机制图过程中，先确定平面视图，再通过编辑其中一个侧视图就可以改变立体形态，产生另一形态。立体形态不同于平面形态，平面图形有固定的轮廓，而立体形态没有固定的轮廓，它随着观察角度的变化而变化。平面上的线可以解读为垂直的面，也可以理解为面与面之间的分界线、或凸的阳线、或凹的阴线、面的折线等，如图2-10所示的两款车用芳香剂，从平面视图看这两者非常接近，但其实体有很大的不同。在进行产品形态的草图创意过程中，必须绘出45° 角的外观设计图纸，其目的就是减少草图给人造成的误差。此外，也可以在线稿图中加入断面辅助线（剖面辅助线），或者用马克笔画出光影关系，以便于辅助表达其体积关系。如果草图没有表达清楚，后期建模就会变得比较困难或者无法得到满意的形态。

图2-9 平面视图立体化

如图2-11所示，可以利用简单的相似平面视图去设计不同的立体形态。这样不仅可以让初学者认识从平面视图到立体形态的多样性，还可训练其草图表达能力。

图2-10　两款车用芳香剂（坚固的香水香薰）

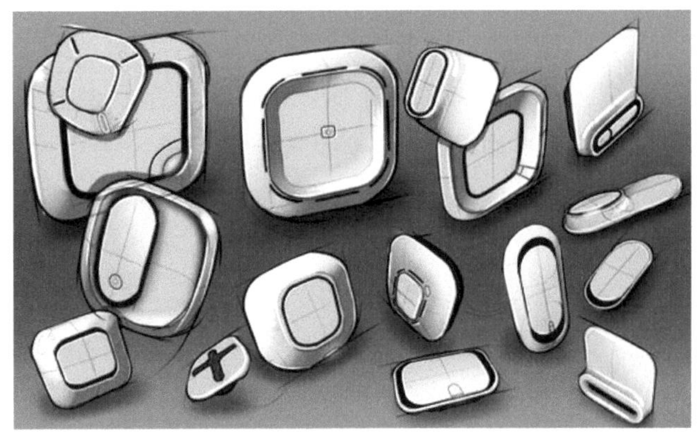

图2-11　利用相似平面视图塑造不同形态

2. **平面材料立体化**

平面材料立体化对于产品设计而言是非常重要的一种造型方法，很多复杂的立体形态就是由平面材料建构的。例如，市场上现有的产品中，有很大一部分就是通过平面材料立体化产生的。

在立体构成中进行的一刀多折训练和面材的构成训练，都是利用面材的特性，通过**包裹、折叠、弯曲、叠放及适当的材料延展等方法**生成不同的形态。潘顿椅（见图2-12a）就是一个纯粹由面构成的经典设计作品，它由维纳尔·潘顿设计，也是史上第一把一体化、注塑成型的塑料椅。它摒弃了椅子必须有四条腿的想法，外观整体、流畅，呈现出时尚大气的曲线美，其曲线也符合人体曲线，坐感舒适且造型雅致。佐藤大利用平面材料（金属）折叠设计出具有形式感的茶几（见图2-12b）。而图2-12c的椅子具有独特的节奏美感，其方法是通过平面材料叠放处理获得的。

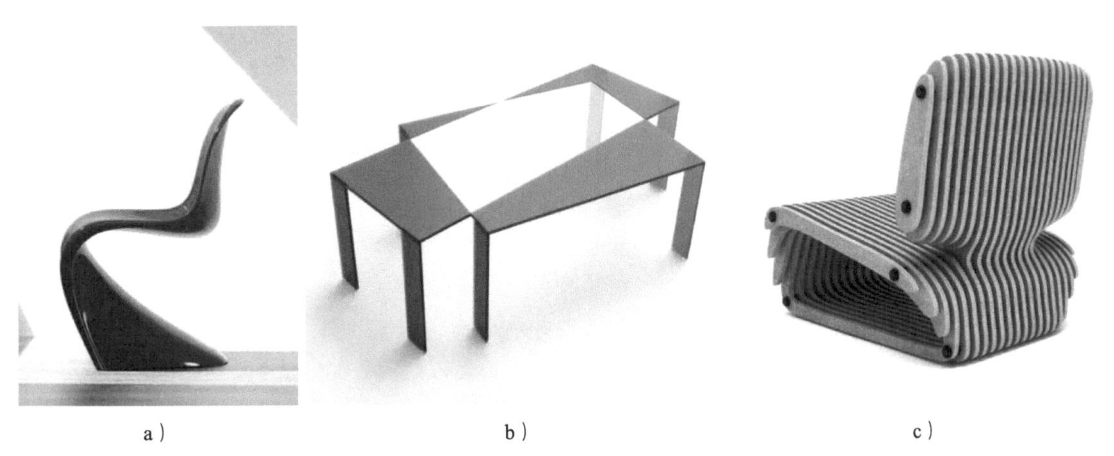

a）　　b）　　c）

图2-12　三种产品示例

a）潘顿椅　b）佐藤大利用平面材料设计的茶几　c）平面材料叠加成型的椅子

越来越多的新技术和新材料打破了产品塑型的束缚，传统的面材特性也正被发掘利用，更多的设计师正在加入其中。例如，传统的木材因受材料自身的限制，弯曲度有限，但是新的工艺将木质纤维一层一层交错压制而成，形成了新型的、牢固的、可曲可直的、可凹可凸的面材，大大降低了材料对产品形态的限制；金属类面材的延展性能非常好，通过冲压、施压成型工艺，产生了丰富的产品形态。除了上述方法，还可以通过平面材料受热来进行塑形，如面形玻璃受热后成型为果盘或灯罩。利用平面材料自身的弹性进行折叠和折弯也能获得产品形态（见图2-13）。这些都是平面材料立体化在产品形态中的设计与运用。

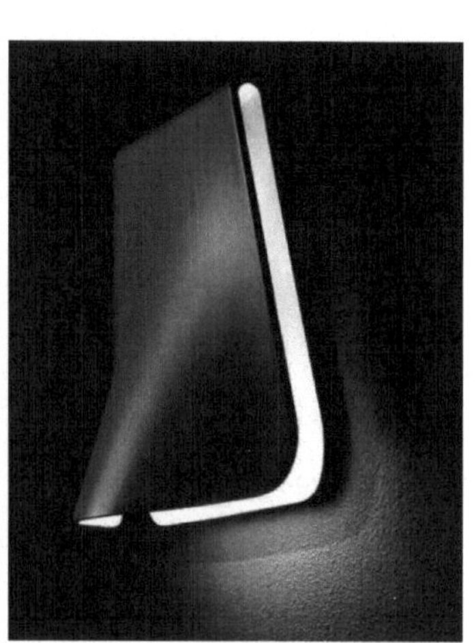

图2-13　通过平面材料成型的产品形态

2.1.3　基础形态组合的造型方法

美国知名工业设计基础教学教授罗伊娜·里德·科斯塔罗[⊖]曾说：“尽管在基础部分，在严格控制下对各种简单情况下的线、面、体和空间的元素进行了很透彻的学习，但是随着课题的深入，提出了一些更复杂的练习，这其中就涉及了上述元素之间的一些相互关系。”产品形态设计基本都不是单一形态的设计，而是需要处理元素之间的一些相互关系。基础形态的组合就是指几个独立的、简单的形态组成一个有机的整体，组合的本质就是形态的相加。组合，应根据产品的具体要求与目的，先确定一个大的主形态，然后以此主形态为基础，从大小、高低、方向、位置、虚实等角度来添加次形态。组合形态主要考虑形态之间的关系，强调形态组合的合理性和整体性。立体形态之间的组合关系（方式）有3种**相交**、**相触**（相切）和**相离**（分离）（见图2-14）。虽然是看似简单的组合关系，却可以组合生成无数的形态。

⊖ 罗伊娜·里德·科斯塔罗是20世纪美国普拉特学院的一名教授，她教授了50年的“工业设计”，在教学中，她逐渐建立并形成了一套非常不错的基础课程，该课程已经成了世界各国设计教学的重要基础课程之一。她曾提出“如果你不能把它做得更美，问题在哪里？”和“艺术家首先得是个具有洞察力的人。我一直相信，美术家、平面设计师、工业设计师和建筑师之间，在基础视觉关联上大致相同，区别在于每个设计领域中对于视觉关系的复杂程度有不同的要求。除此之外，每个领域有不同的材料和技术。我相信有适合所有领域的视觉原则。它是基于一个令人兴奋的概念之上的，那就是肯定存在一种秩序和结构去组织视觉表达。”上述这些观点对学习设计的阶段帮助非常大。

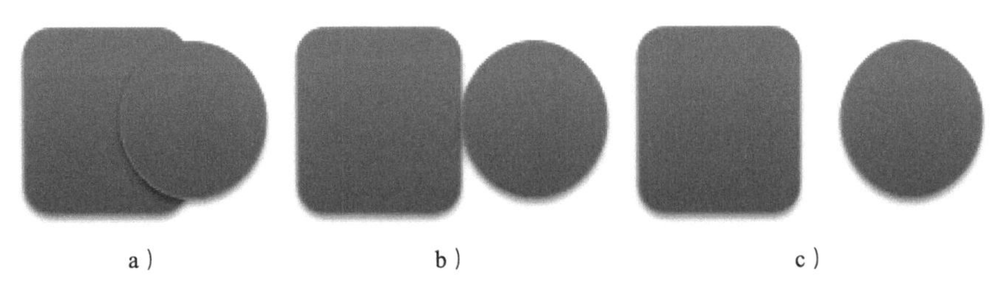

a）　　b）　　c）

图2-14　立体形态之间的组合关系

a）相交　b）相触　c）相离

1. 相交

在产品形态设计中，两个及以上的形态相互**穿插、融合**在一起；就是所谓的**相交**。

首先来看看组合中运用较多的一种——形态的**穿插**，即一个相对小的次形态插入主形态，并保留两个形态的相对独立性。例如相机机身与镜头的关系，以及吹风的风管与把手的关系，都可以利用穿插的方法进行组合。利用穿插方式的组合去设计产品形态可以将需要凸显的互动操作区或功能从产品主形态中凸显出来。如图2-15a所示，在BRITA水壶的设计中，设计者利用穿插法将出水口组合在主形态上，这一凸显出来的形态既连接主形态，又独立伸出，不需要过多的修饰，就能让人们直接了解其存在及功能。如图2-15b所示，无叶风扇的设计同样使用穿插的方式将出风口凸显出来。

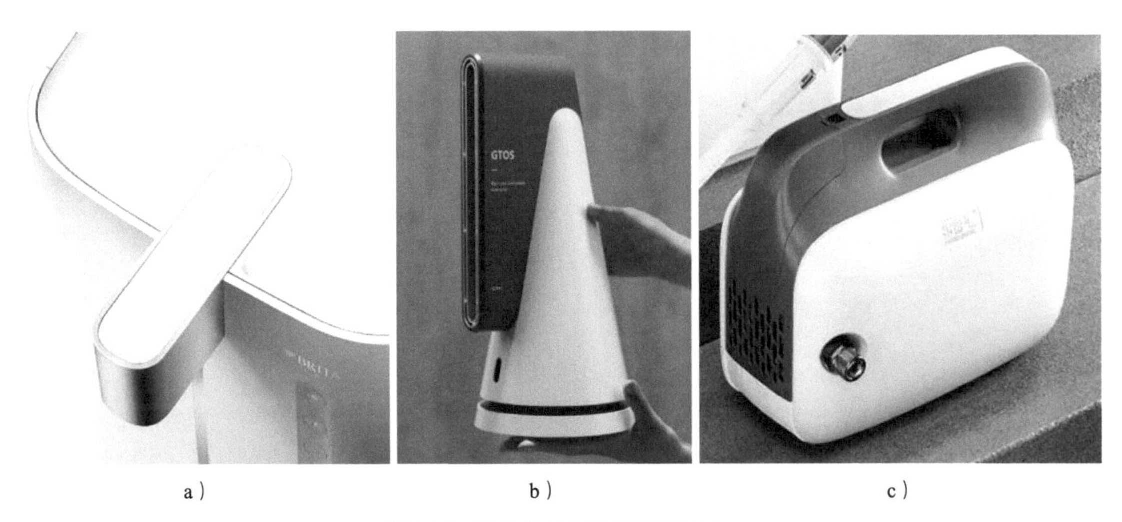

a）　　b）　　c）

图2-15　形态的穿插和形态的融合

a）BRITA水壶　b）无叶风扇　c）高压水泵

穿插是一个形态插入另一个形态的相交组合方式，并没有改变组合形态各自原有的特征，这种直接的组合关系又称为直接过渡。而**融合是指两个及以上的形态组合相交时融为一体**，这种组合的形态为了整体特征而妥协变形，或者加入了过渡形态，因而可以将融合理解为一种形态的间接过渡。融合是希望在两个相对独立的形体之间找关联性，以达成两个形体的统一性、协调性的目的。图2-15c所示的产品的手柄在与主体相交时就使用了融合的组合方式。

2. 相触

两个组合形态表面接触的关系称为相触。相触和相交的处理方式是不同的，相交是让两个形态穿插、融合以形成统一的、牢固的整体，相触则是保障两个形态的相对独立性、个体相对完整性。相触根据形态之间的接触面积可以分为4种：**相切、叠加、契合和包裹**。

相切。两个及以上的个体形态相触，面积较小，形态各自完整性高，就像不考虑组合后的效果，有时还进行夸张处理，让两个形体在视觉上形成鲜明的对比效果。它们组合后形成的形态也有各自的影子，因而整体形态会具有相对鲜明的个性。如图2-16a所示，咖啡机的机身与出水口的形态关系就是相切关系。与穿插关系相比，具有相切关系的产品形态之间的独立性更高，但其关系也会给人一种脆弱感。

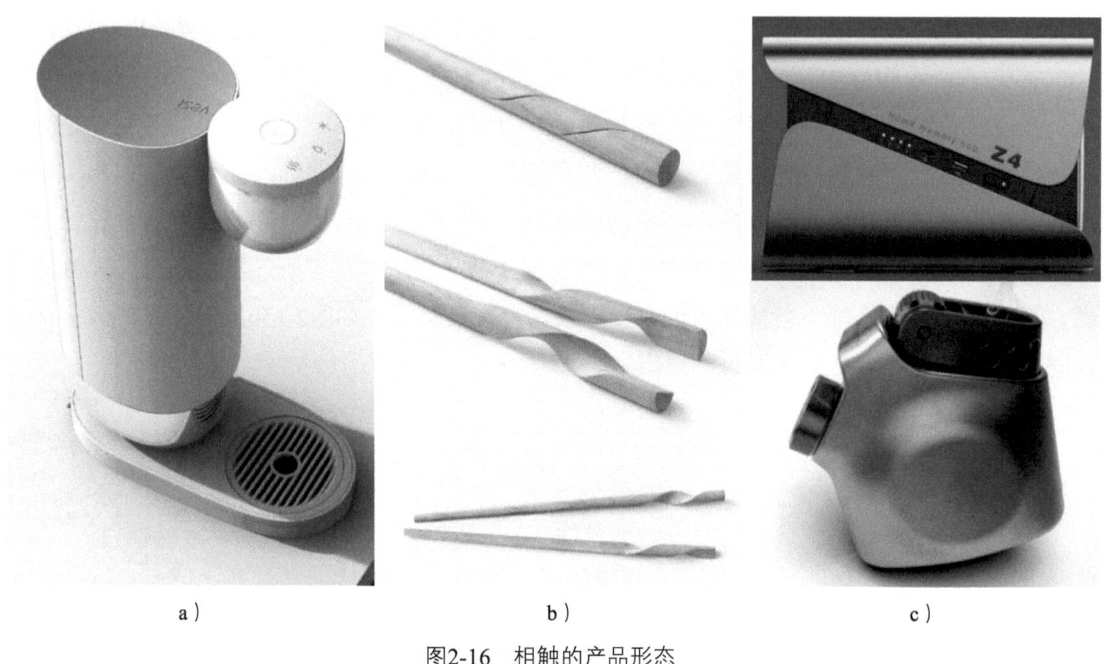

a） b） c）

图2-16　相触的产品形态

a）相切与叠加　b）契合　c）包裹

叠加。许多产品的形态是由基本形态叠加而成的。由于叠加的基本形体的形状、大小、比例及叠加的位置、方式不同，也会构成千差万别的产品形态。在利用叠加塑形时，需要注意各元素间的相对大小及比例、叠加元素的位置、元素间的融合与统一，特别是相交处的过渡。在设计时，可以将基本形体先进行必要的造型处理，再进行叠加。如图2-16a所示，咖啡机的主体形态与底座形态之间就采用了叠加方式。

契合。组合中有一种比较特殊的相触就是形态的**契合**，它指形态之间相互紧密配合的一种关系，即形态与另一个形态形成一种“共面共形”的关系。如图2-16b所示，在筷子的设计中充分利用了形态契合关系，让一双筷子在存放时形成一体的概念。

包裹。通过大形嵌套小形、空间包裹等方式处理一个面与体的关系的形态，表现为内部形态被外部的面状形态按照一定形式包住，形成半封闭的视觉空间，就是所谓的包裹。包裹法在造型应用中比较常见，可将包裹视为“穿衣”。使用形体包裹法呈现的产品形态会给人一种一气合成、自然而然的整体感觉。

根据包裹的面积大小，可以分为点缀性包裹、半包裹和全包裹等。点缀性包裹是一种局部性包裹，能起到装饰、呼应的作用。半包裹是指包裹的面积接近一半，包裹层与内部形态形成层次感。全包裹则指产品形态以包裹形态为主，其包裹面积大，内部形态成肌肉骨架支撑起外部包裹形态，这类产品更能突显形态的整体感。在全包裹的产品形态中，外部包裹合围处及走势可形成视觉的中心，如图2-16c所示的产品，就是充分利用了包裹的围合处突显产品信息。

3. 相离

相离是指两个形态既没有相交也没有相接，只是分离和毗邻关系，而在产品形态设计中，一般会设置一个连接形态，将其组合在一起。也可以将这种情况视为相触或相交处理。例如图2-17所示的LIBRATONE头戴式耳机设计，其头戴支架与耳罩两个分离的形态的连接就使用了添加连接形态的处理方式。在该设计中，设计师为了将具有品牌代表性的“L”折线的符号支架连接全圆形的耳罩中，巧妙地切掉了部分圆形形体与折线呼应，并使用分离的组合方式强化了品牌符号。

图2-17　相离

4. 组合造型的相关案例

案例一：什么样的产品适合使用组合法造型?

产品形态由不同的功能模块或部件组合而成，部分部件可以组装、拆卸或折叠收纳，又或是功能部件与（手持）操作部件需要分离等。运用基础形态组合的方式进行设计是一种非常好的方式，如图2-18所示的 Nespresso Lattissima One胶囊咖啡机EN500。它由胶囊入口盖、咖啡出水口、奶缸、奶泡器（牛奶咖啡喷嘴）、滴水盘和咖啡主机（包含主机、水箱、胶囊回收盒）等部件构成。其中，只有在制作牛奶咖啡时，才需要使用奶缸/奶泡器，因而奶缸/奶泡器部件与咖啡机主形态呈相切关系，不用时或需要清洗时可以拆卸下来，并且它们各自的形态都能保持造型的完整性。叠放在咖啡机下方的滴水盘，为了满足使用者使用不同容量（高度）杯子的需求（接咖啡和奶泡的杯子容量要求不同），可以随意移动，并能轻松取下来进行清洗。这种设计保障了该款咖啡机一应俱全的功能，以及紧凑的体型。

图2-18　Nespresso Lattissima One胶囊咖啡机EN500及其功能模块

案例二：怎样组合的形态易形成统一的整体?

1）**形体呼应法**。当一个产品的形态由两个及以上的形态组合而成时，会产生不协调感，甚至会给人突兀感，关于如何让其形成真正的整体，答案就是使用**形体呼应法**。形态呼应法通过运用一些线条或造型贯穿产品的组成部分，使其形成整体的造型感，也可以用相同造型元素进行呼应，形成协调感。例如图2-19所示的打蛋器的机身与手柄就使用了组合关系。如图2-19a所示，打蛋器的机身与手柄的形态组合关系使用了融合的处理方式，使原本两个具有不同形状的形体组合看起来像一个有机的整体，形态整体流畅优美。图2-19b所示则为穿插关系，打蛋器将手柄插入机身，运用呼应造型（改变自身去适应对方），使其组合时显得非常和谐。（该处内容的深入探讨将在3.2节讲述。）

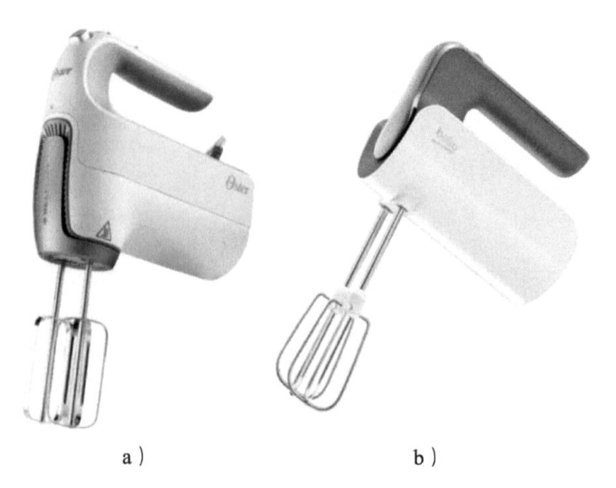

a）　　b）

图2-19　打蛋器的机身与手柄的融合与穿插关系

在产品形态设计中，一样的基础功能模块形体组合，在运用**形体呼应**的处理方式的同时，还需要采用**改变组合形体的体量、不同的组合方式**等方法，以获得更多优秀的产品形态。图2-20所示的三款相机的形态设计就使用了不同的方法，它们都由矩形的机身、圆柱形的镜头组成。第一款相机的机身和镜头采用**穿插**的组合方式，镜头被凸显出来，同时矩形侧面进行大的倒圆处理以呼应镜头造型；第二款相机则使用了**融合**的组合方式，在降低圆柱镜头高度的同时改变了镜头外圈造型，让镜头与机身浑然一体；第三款相机的镜头和机身使用了**穿插**的组合方式，但它首先减小了圆柱形镜头的厚度，然后将矩形机身进行了分割（“分割”的相关内容见2.2.1节），折线将银色的按键操作区与黑色机身分割开，让原本方正严肃的矩形机身变得与圆柱形镜头有了呼应关系。

a）　　b）　　c）

图2-20　三款组合形态的相机

2）**形体包裹处理法**。采用该种方法可以让组合形态获得良好的整体感。例如图2-21所示的风扇，其造型分为机头（电机+风扇+机罩）、支柱和底座，很多的风扇造型都会给人头重脚轻的感觉，但是图中的风扇利用包裹造型让产品形态获得非常好的稳定感，面状的包裹元素既是支柱，又是机头的一部分，其造型让产品获得良好的整体效果。包裹造型中的面元素在设计中还可衍生为线元素对体进行包裹，类似于人们所系的腰带。如图2-22所示，产品从右至左，包裹面逐渐变窄，从面演变为线，但是包裹的感觉还在。图2-22a、b将功能形态变成包裹形态，让产品形态变得牢固且整体。

图2-21　形体包裹处理法的风扇

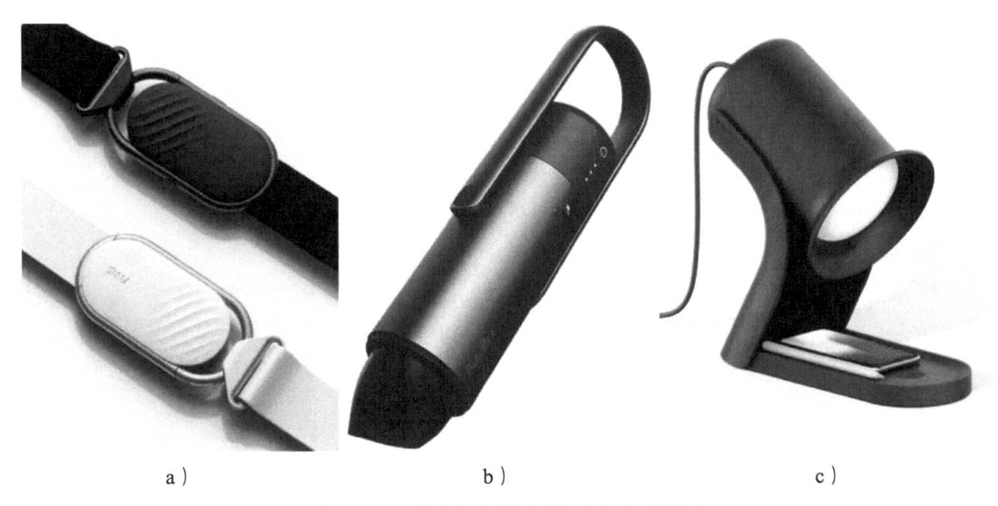

a）　　b）　　c）

图2-22　形体包裹演变形式的产品形态

3）色彩材质融合法。采用该种方法也可以让组合形体获得很好的整体感。单纯使用形体的融合方式是非常单一和局限的，从视觉的维度进行考虑，除了形体的变化，色彩也是一个很好的设计要素，可以通过色彩的色相、明度两个维度，把一个不相关或复杂的形体要素进行归纳，达成视觉上的统一，完成化繁为简、塑造整体形态的效果（见图2-23）。

图2-23　组合形态的色彩材质融合法（选自黄山首绘）

案例三：方与圆组合的产品形态设计案例

方圆在中国文化里有着非常特殊且重要的意义，在产品形态中，方与圆在产品基础形态设计中是一对具有冲突的组合，也是非常常见的。其中的圆是指球体、椭圆等，方则指正方体、长方形等矩形类形态。那该运用什么方式组合、怎样的变形处理，让原本造型感觉上冲突最大的两个形态可以和谐地组成一个整体？其方法主要有组合的基础形态的体量变化（大小、薄厚）、变形处理、虚实处理、组合方向处理及融合等。

图2-24a所示为深泽直人设计的垃圾桶，其形态就是方和圆的组合，笔直的圆柱形**相交**于矩形，这一组合让圆柱形的垃圾桶多出一个直角，而直角又可以完美地贴合在角落。特别的组合形式让它放在墙角，不会因被轻易踢翻而打扰到人们，也不会占用多余的空间。这种组合方法是从方向、位置角度上进行变化处理的。图2-24b所示的产品还添加了大小的变化。图2-24c所示的头盔的黄色耳罩部分，外方内圆，外圈的方通过倒角，与中心的圆更加和谐。

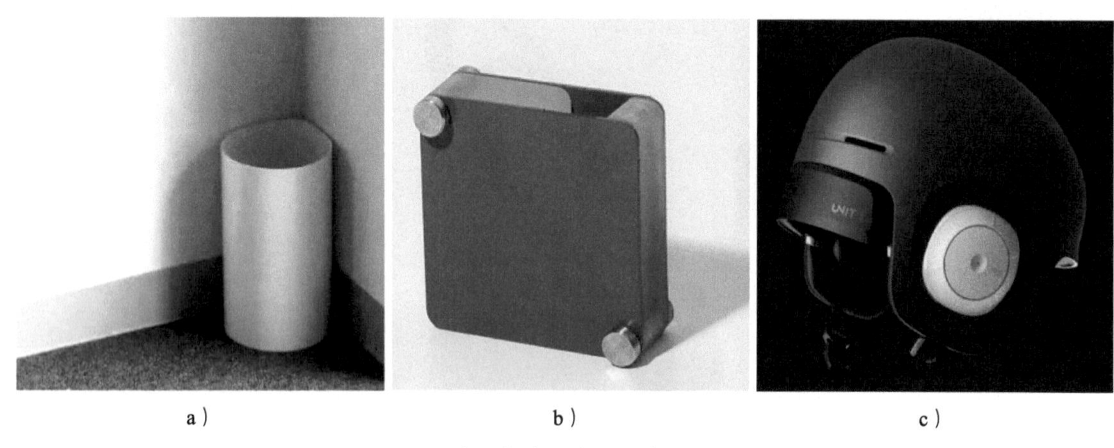

a）　　b）　　c）

图2-24　方圆组合的产品形态（相交）

在图2-25a所示的方圆组合的产品形态中，方和圆的特征都保存得非常完整，设计师只是利用体积的大小来协调它们，从而帮助卷笔器塑造了鲜明的个性；图2-25b所示为放样成型的渐变变形，从圆演变为方，形成一个非常和谐的产品形态；图2-25c所示的产品形态则采用圆柱环绕矩形，形成包裹关系，非常独特。

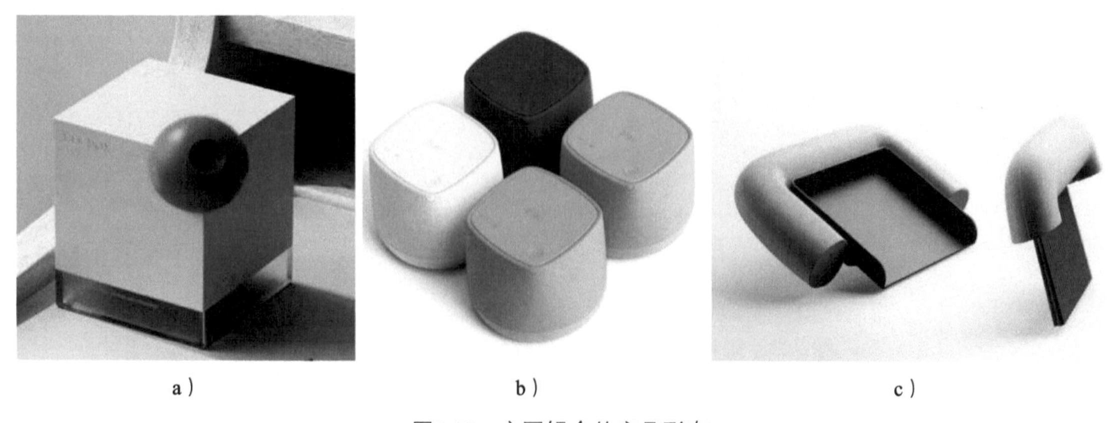

a）　　b）　　c）

图2-25　方圆组合的产品形态

a）大小+位置　b）放样成型的渐变变形　c）方向+包裹

2.2 产品基础形态的变形方法

根据前文介绍的基础形态的创造方法，可以创造出大量的基础形态，这些形态有一定的形体关系，但是相对简单，离人们所需的成熟的产品形态还有一定差距。下面将继续对基础形态进行改造，从而让好的基础形态变成具备细节和实用性的产品形态。

2.2.1 分割法

对现有形态进行分割处理，可以赋予特定功能，满足美学需求。分割法对形体本身（体积）不做改变，只在形体的表面分出几个（功能）区域。在设计中，可以通过对同一形态进行不同形式的分割，获得不一样的设计效果。形态中的面是分割法主要的运用对象。分割设计是以一定的数列比例关系，将产品基础形态上的面划分成不同大小的块面，使之在结构、线型、色彩面积或位置安排等方面获得理性的美感；在产品基本形态的基础上，通过面分割获得产品的操作界面、划分出不同功能区是产品形态设计中比较常见的方法。例如图2-26d所示的真空封口机，其形态主面就是利用分割法依次划分出裁剪功能的深灰色区域、按键操控黑色区域和打底银色机身区域。面分割法与传统绘画艺术的构图、平面构成的构成方法非常相似，在整个画面中对视觉元素进行组织、权衡并布置其位置关系，以确定画面的整体形象。如图2-26中的产品，其图中呈现的面就像画面的构图，结合产品的功能和内部结构利用分割法获得独特的构成美感。

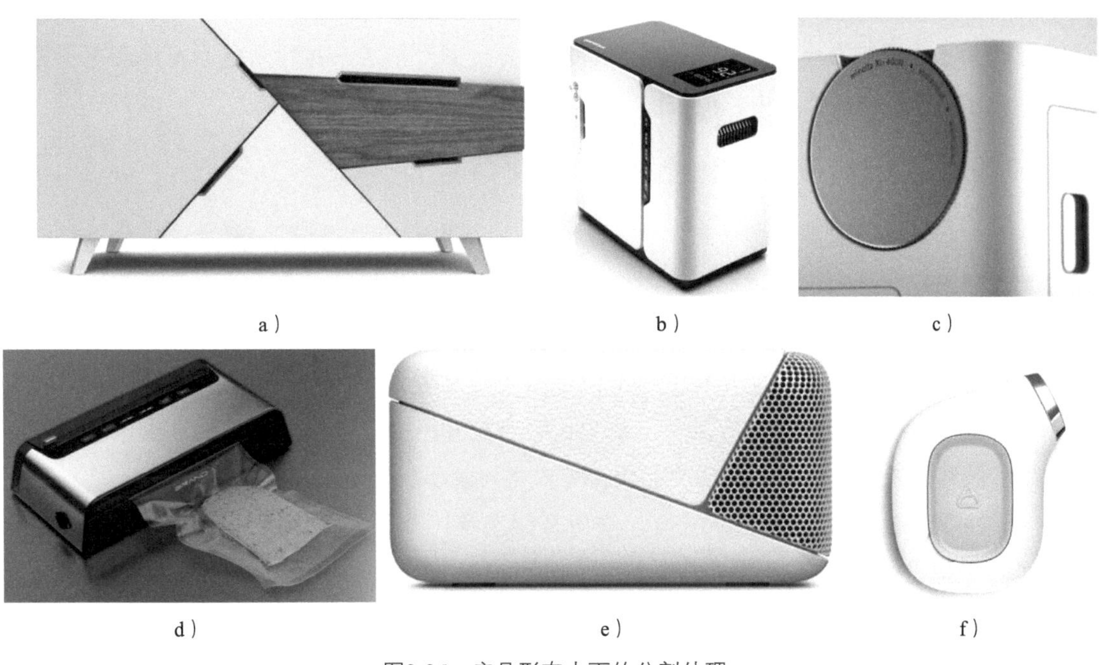

a） b） c）

d） e） f）

图2-26　产品形态中面的分割处理

例如，数控加工机床防护罩的设计就是**结合产品的功能和内部结构关系，运用了几何规则分割法**。在设计时，将机床的对应操作面（正面）分割出操控区、监测区、包裹遮挡区等。设计师常采用非常稳定的图形（正方形、均方根矩形等）作为基本图形，这些图形能取得较好的数比关系和美感。运用它们之间的演变关系，将它们按功能与构成艺术的要求进行分割演变，可得到形体动静结合、相互呼应的艺术效果。使形体的分割按一定的数比规律进行，从而获得造型的次序美，如图2-27a所示；类似的分割法设计也应用在3D打印机上，如图2-27中b所示。

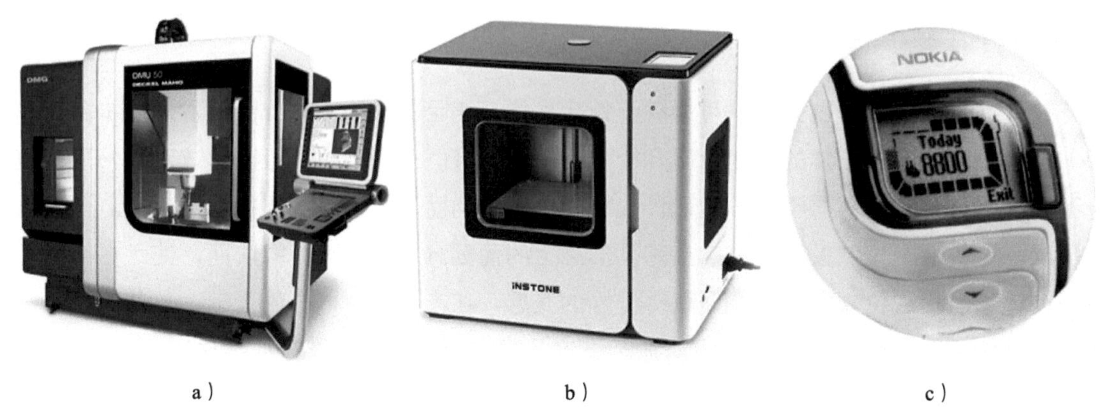

a） b） c）

图2-27 采用分割法设计的产品

a）数控机床 b）3D打印机 c）诺基亚健身监测器

在**异类形分割**块面处理中，利用线条、形的变化可以调和它们之间的对立关系，让产品形态更和谐。例如诺基亚在2004年发布的健身监测器（见图2-27c），因考虑到贴身使用舒适性，设计者将健康监测器的形态设计为圆润的造型，但受当时技术的限制，电子显示板只能是矩形，为了让圆与方显得更和谐，设计者采用异类形分割法，并利用色彩将矩形电子显示板巧妙地镶嵌在圆润的造型中，而按键也巧妙地被处理在里面。

2.2.2 减法（切削、修面、修棱、修角、镂空）

在造型设计中，加减法是最基本的方法之一，即利用切削、修面、修棱、修角、镂空和组合等方法对已有形体进行再塑造，并赋予形态特定的功能或美学需求。产品形态设计中的加减法包括加与减两方面，其特点就是针对产品的体积及形状的变化。造型加法（组合）设计主要体现在产品元素的多元化和堆积上，可使产品更富层次感与功能导向（造型中的加法在“2.1.3基础形态组合的造型方法”一节中已经有过介绍）。造型减法设计注重于产品的虚实对比和整体效果的通透，力求使产品显得更大气与紧凑。

减法主要包括切削、修面、修棱、修角及镂空等，属于产品形态设计中非常重要的造型手段。造型设计中的切削类似于用切削工具（刀具、磨具和磨料）把产品基础形态上多余的材料、层切除，获得理想的几何形状、尺寸和表面效果的加工方法。在利用切削对产品基础形态做减法时需要注意刀片的形状、下刀的位置和角度及切削刀片移动的路径，这些因素的调整都会影响最后切削的产品形态。如图2-28、图2-29所示，通过对同一个形态进行不同位置、不同程度、不同方式的切削，获得不同的形式感并满足不同的功能目的及美学需求。

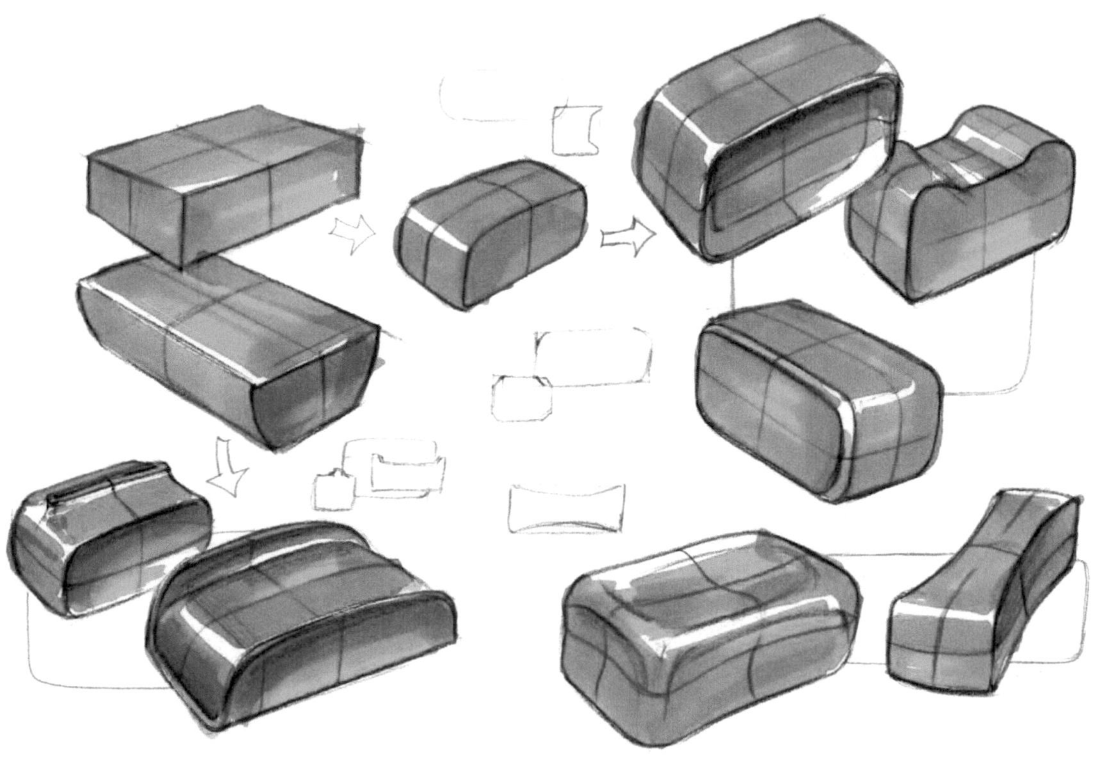

图2-28　变形方法——通过修面、修棱和修角演化出新形态（一）

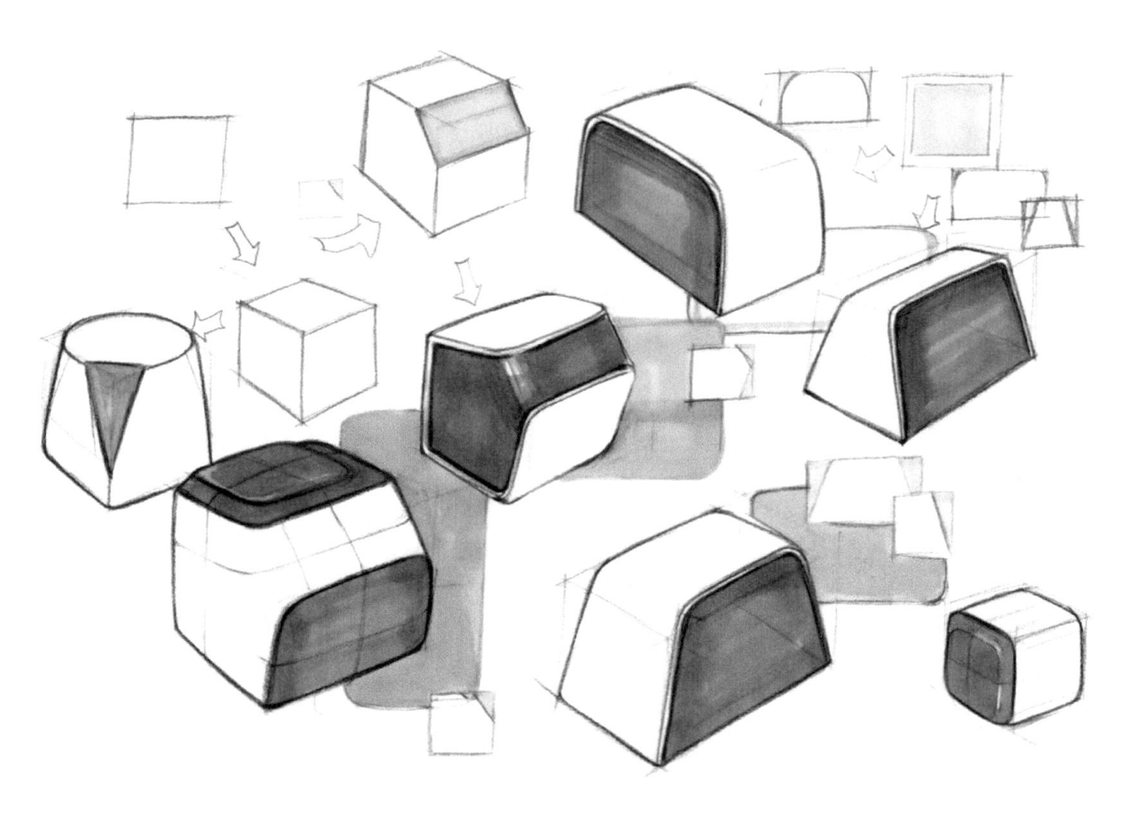

图2-29　变形方法——通过修面、修棱和修角演化出新形态（二）

修面、修棱、修角其实可以算是针对性的切削。一个简单基础形态可以通过修面、修棱、修角创造出非常多的新的产品形态，对原产品的基础形态起到了丰富整体和细化造型的效果，如图2-30所示的产品形态的面的切削——修面处理。修面的处理不仅让产品的面变得丰富，还可使一些产品获得操作的功能界面（见图2-30d和e）。图2-31所示的产品形态主要使用了减法中的修棱、修角的处理，通过修棱和修角让产品呈现丰富的“表情”。图2-32所示的产品形态使用的减法是镂空，它是对形态的内部进行减法处理，往往可以给人带来惊奇的感觉。

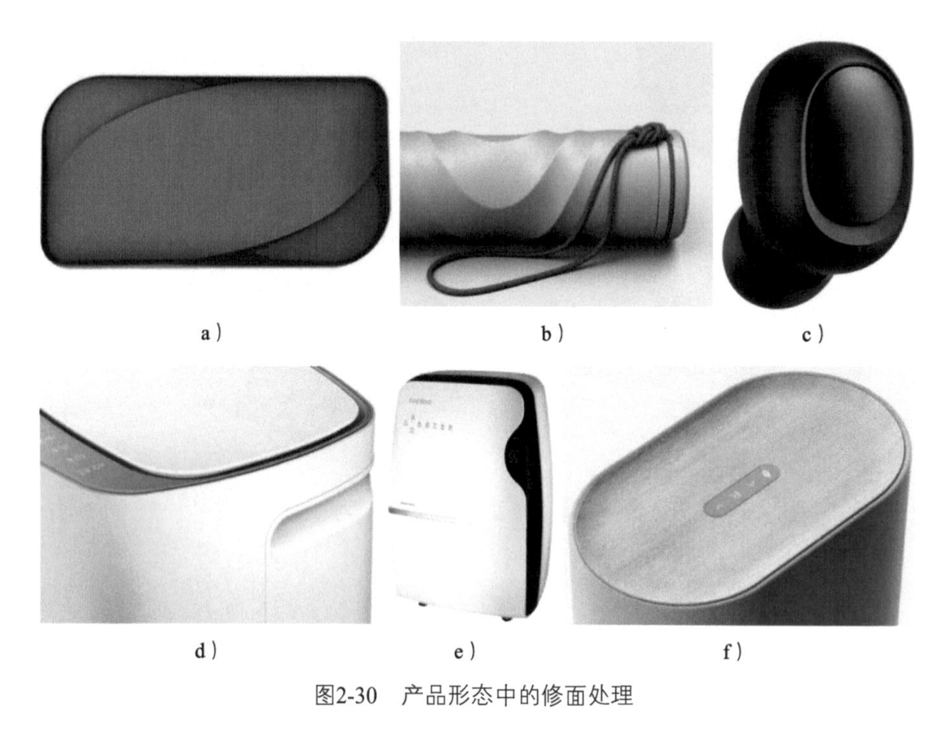

a）　b）　c）

d）　e）　f）

图2-30　产品形态中的修面处理

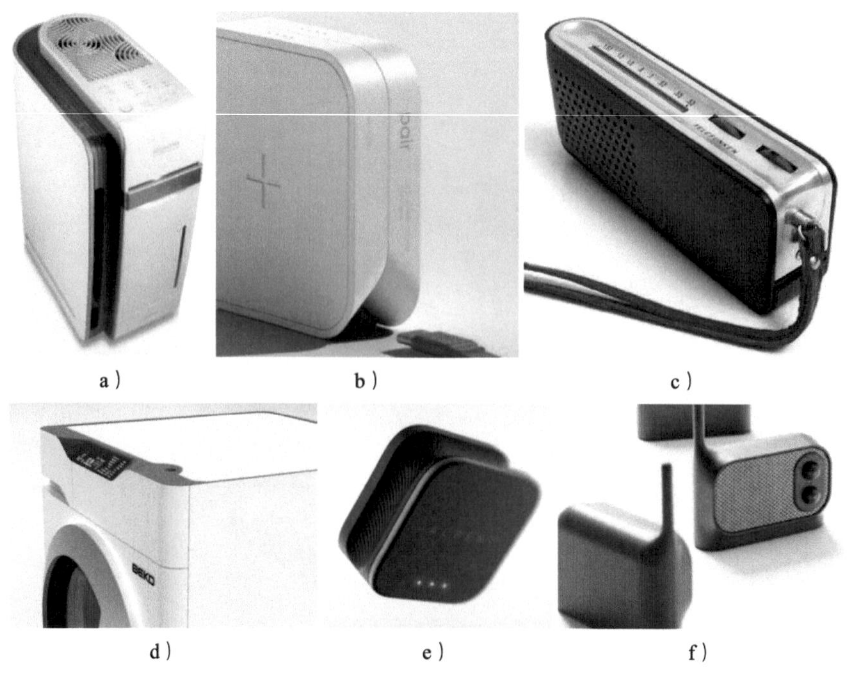

a）　b）　c）

d）　e）　f）

图2-31　产品形态中的修棱、修角处理

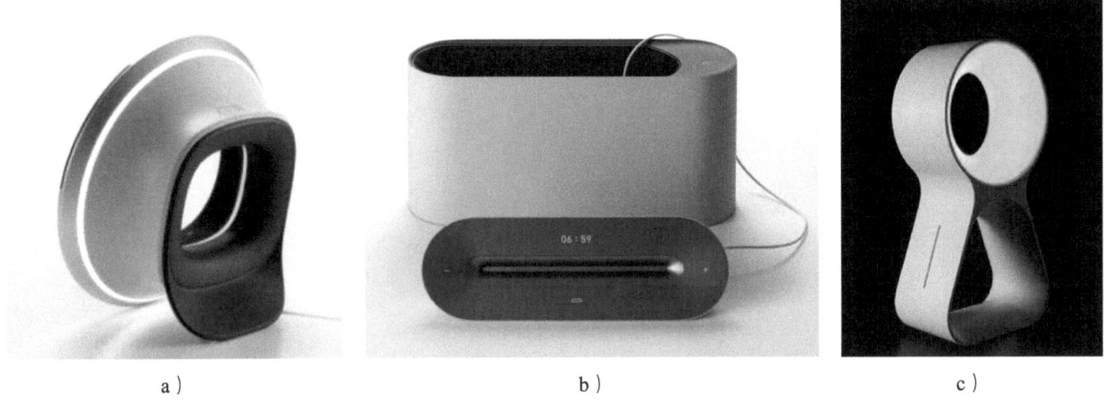

a）　　b）　　c）

图2-32　产品形态中的镂空处理

2.2.3　弯曲与扭曲

弯曲是指形态在同一方向上不直、弯或曲，扭曲则指形态扭转变形。弯曲（见图2-33a）和扭曲（见图2-33b）的造型往往会带给人们一种力感，这种力让原本平稳的产品形态在获得力的同时也获得了微妙的平衡，因而属于非常重要的一种形体再塑造的方法。运用弯曲和扭曲的变形方法获得的形态，在当下方正居多的产品形态中显得非常新颖，恰当地运用不仅会给人们新奇的感觉，还能获得更好的体验感。例如在家具设计中利用木材弯曲的产品，其优美流畅的曲线造型更贴合人的身体曲线，因而备受欢迎。图2-33c所示为坪井浩尚与魅族混搭设计的耳机 Flow，其造型在弯曲中带了一定的扭曲，整体线条如水流一般顺畅而连贯，流线造型符合人耳的曲线。

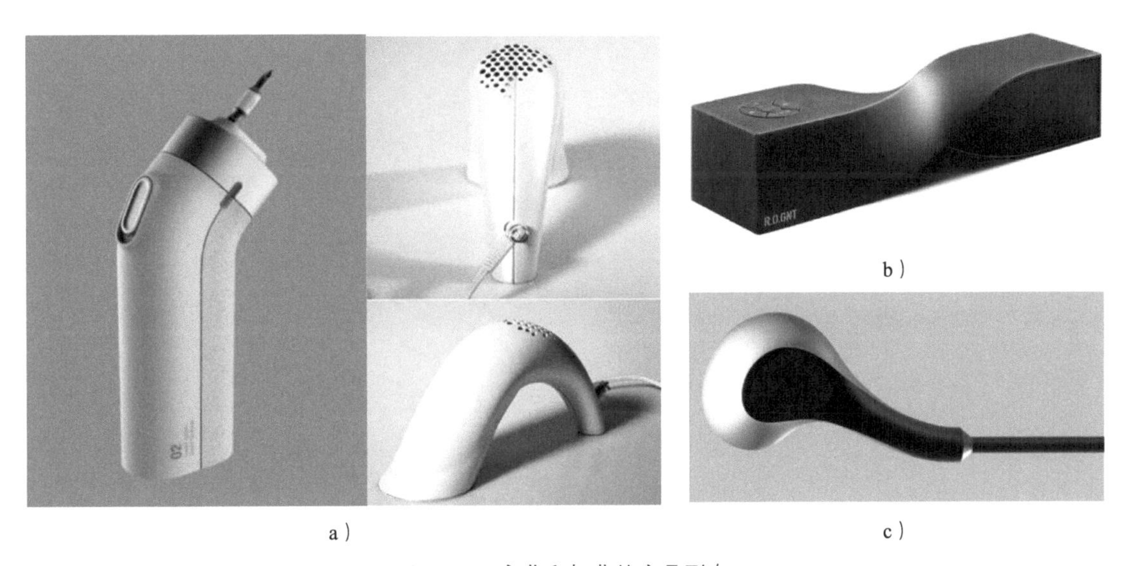

a）　　b）　　c）

图2-33　弯曲和扭曲的产品形态

2.3　实例详解——果园采摘机器人的基础形态组合造型

任务提出：果园采摘机器人的外观造型设计。

任务分析：委托方给出了果园采摘机器人的基本结构框架和尺寸，包括驱动系统的底盘、履带、机器手臂驱动工作箱和机器手臂。其中，机器手臂驱动工作箱的前方有识别道路的摄像头，机器手臂位置固定，箱体内可设置临时小型存放箱体以存放刚采摘的果实。履带和机器手臂的机械结构已经研发成功，需要重点设计驱动系统的底盘外观、机器手臂驱动工作箱和机器手臂头部分。

根据委托方给出的数据和信息（见图2-34），现有的外支撑结构属于临时的支撑外框，可以进行调整。从给出的结构看，上方箱体的内部空间较大，在设计时可以考虑设置一定的储存空间。机器手臂具有自动识别并采摘的功能，被采摘的果实顺着机器手臂下方的送果袋滑落到后方的存放箱/或箱体中存放。

图2-34　机器模块

草案设计：根据对任务信息的分析，可以看出果园采摘机器人的设计模块较为简单：主要为底盘模块和机器手臂驱动模块，并且模块关系清晰。设计者利用基础形态组合的造型方法进行草案创意，主要考虑组合造型的整体性（见图2-35）。

图2-35　果园采摘机器人的草案设计

方案深化：经过草案设计，设计者和研发人员一起对草案进行了评审、筛选。基于造型的整体性和对原框架改动较少这两个因素，综合几个草案的优势，在其基础上进行整合再设计，并通过数字模型进行推敲（见图2-36）：收窄底盘造型，与上方箱体更协调；调整摄像头位置，让视野更清晰；箱体内预留临时存放果实的空间，并在顶部预留果实收集口。

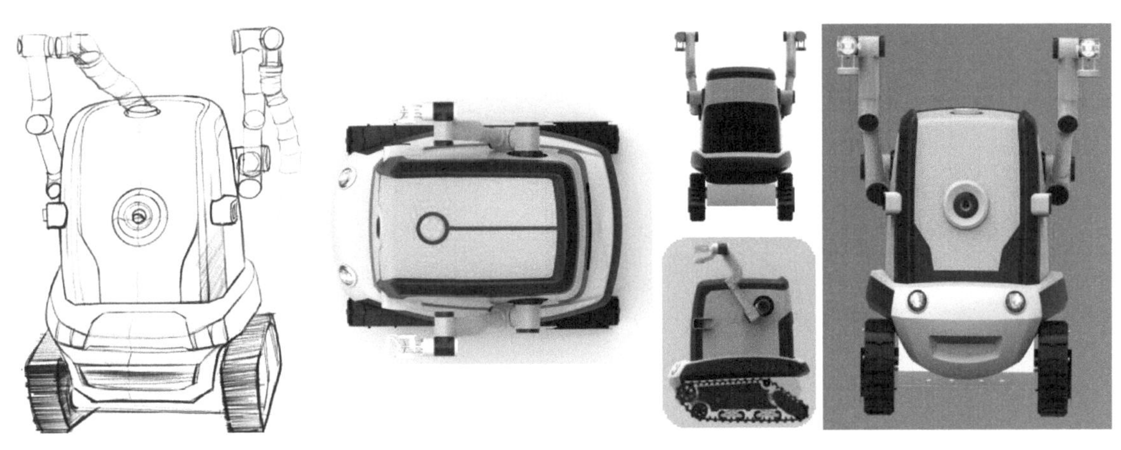

图2-36　整合草案再设计、数字建模推敲造型

经过数字化设计，对方案细节进行确定和细化（见图2-37）。最后进行数据验证并确定，渲染出场景效果图（见图2-38）。

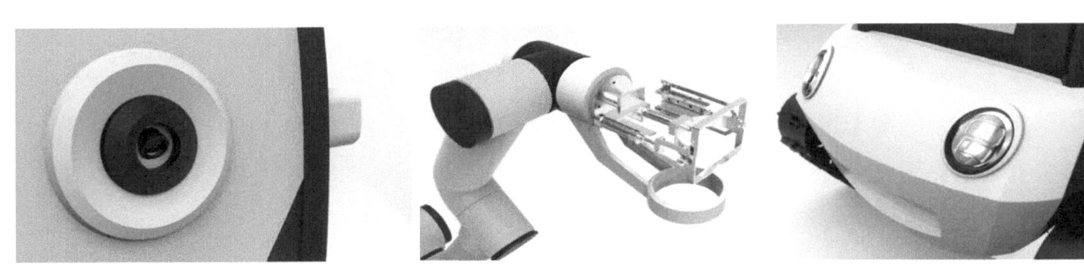

图2-37　细节图

图2-38　场景效果图

本章训练

1. 课题训练——计算机辅助设计的基本造型方法

课题名称：产品基础形态的生成

训练目的：认识计算机辅助设计的基本造型方法：拉伸成型、放样成型、旋转成型和多曲面闭合成型等；提升手绘快速表达的能力。

内容要求：运用拉伸成型、放样成型、旋转成型和多曲面闭合成型等方法进行练习，设计10款水杯形态/10款音响形态。

提交要求：画在2~4张A3纸上。

评价依据：①基本形的设计。

②造型原理的理解与运用、形态美感。

③快速表达练习。

练习时长：2学时。

2. 课题训练——基础形态组合的造型方法

课题名称：组合造型方法训练

训练目的：理解组合造型方法；了解产品功能模块或组合部件；运用组合造型方法进行产品基础形态的设计，同时提升快速表达能力。

内容要求：①使用基础形态组合造型方法和变形方法，设计一款电吹风/电热水壶/打蛋器。

②分析产品的组合模块，运用组合造型方法进行设计。

③要求运用组合方法（穿插、融合、叠加、包裹等）进行形态设计及推敲。

提交要求：画在A3纸上，简单上色。

评价依据：①组合形态符合产品功能。

②组合造型原理运用合理，组合设计形态的协调。

③变形方法的运用是否优化了基础形态。

练习时长：2学时。

3. 课题训练——产品基础形态变形训练

课题名称：产品基础形态变形训练

训练目的：认识并能熟练运用减法塑型方法；提升手绘表达能力。

内容要求：①选用一个简单的基础形态，利用变形方法，进行一个产品的形态设计。

②利用组合造型和减法塑型方法对基础形态进行变形优化，让其满足产品功能。

③使用分割、修面、修棱、扭曲、弯曲、镂空等方法，丰富该产品形态。

提交要求：画在A3纸上。

评价依据：①方法运用得当，变形后形态有差异，是否具有美感。

②变形对产品形态塑造得当，丰富产品形态。

③快速表达准确。

练习时长：2学时。

训练提示：简单的基础形态可以是长方体、圆柱体等；训练可以选择在限定形态（体积内）进行设计，如可以将矮圆柱改造设计为卷尺、音箱、杯盖、头戴式耳机罩、闹钟、美容仪等；将长方体变形设计为音响、茶盘、文具盒、卷笔器等。

4. 课题设计——造型方法综合运用

课题名称：产品造型及变形方法综合练习

训练目的：综合运用造型及变形方法设计产品基础形态；提升快速表达能力的训练。

内容要求：分析咖啡机的基本功能、形态，使用造型方法和变形方法，完成一款咖啡机形态设计。要求草案至少有6个。从中选取优秀的形态继续优化。

提交要求：画在A3纸上，简单上色。

评价依据：①产品功能形态表达合理。

②造型原理的理解与运用合理，形态美感。

③快速表达训练。

练习时长：4学时。

设计提示：设计前要明确的是设计的什么产品，其功能包括哪些内容，然后依据功能分析出产品基础形态的构成关系。设计时需要考虑产品的使用环境和使用人群、制造工艺与材料等。不管每一部分各自的形态如何，它们之间的组合方式如何，形态上最基本的特征都不会改变。

第3章

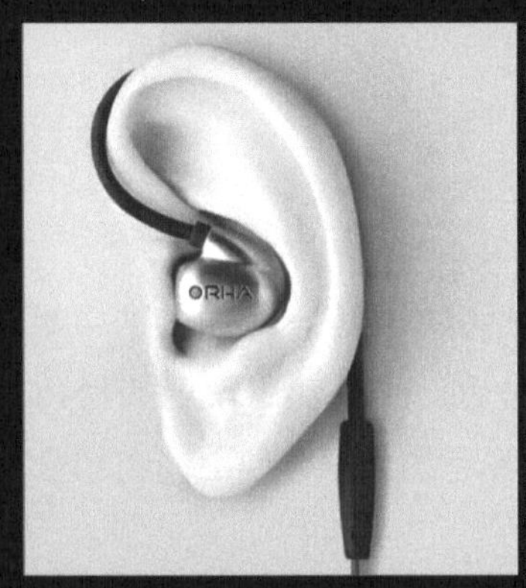

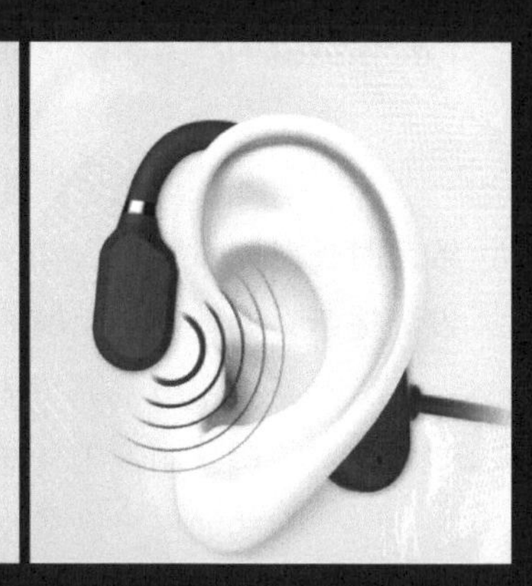

产品形态深化设计

我们的祖先，在原始社会就开始制造物品。从原始人生活的遗址考古主要获得两种物品，一种是石斧、石锤、骨刀、陶器等具有实用功能的工具，还有一类是打了孔眼的骨类、贝类、别致的石头，它们是原始人使用的装饰品。工具是人类为了更方便获取和使用资源而制造的。饰品是为了装饰人类自己，让自己变美或者变独特而制造的。由此可以看出，原始人造物的出发点就是有用的和美的。历经万年，现代社会已有很大的进步，科技也变得非常发达，但是作为人类，在造物时，一样没有逃脱古老的造物目的——有用和美。人类创造/制造形态其实是有目的的：要么为了满足某个功能，要么为了表达美，要么为了愉悦自己。因此，造物的功能和美是人类制造形态的一个出发点。而这在产品形态设计过程中也是一种创造，创造出一个形态以满足/承载产品的功能和想表达的美，让人们易于接受和使用，并在情感上获得满足、达到共鸣。

本章将在“第2章产品基础形态创造”的基础上继续深入。首先通过对**产品形态与功能的关系**、**产品形态与语义的关系**进行讲解，深化产品形态的设计；然后，介绍如何构建美的产品形态；最后是对产品形态各元素进行设计细化的讲解。

3.1 产品形态再认知

产品形态和产品基础形态相比，是有一定差别的：基础形态是产品形态的雏形，而产品形态是需要满足/承载具体的产品功能。

从设计师的角度看，产品是根据人们的需求，有计划地创造出来的。产品最终的形态产生和确定，是在若干影响要素之间进行权衡的结果。其中有部分工程要求，如功能、结构、材料与工艺、环境、人机等方面的因素，具有不以人的意志为转移的自身规律和特点。在产品形态设计过程中，设计师必须对上述因素充分理解和尊重才能做好产品设计工作。

从消费者的角度看，产品形态仅满足功能是不行的。当产品被生产出来后，消费者是否能注意到它；能够理解它是干什么的；能够认同并喜欢它，想拥有它，并把它购买回家**使用**它；并且在使用的过程中，舒适且顺畅。满足这些时产品（形态）设计才具备它的价值。

3.1.1 产品形态与功能

形态与功能存在必然的联系。例如鸡蛋的形态，其形态虽然简单，却非常有特色——并非完美的椭圆或者球体，而是一头大一头小，究其原因，也可以发现一枚小小的鸡蛋的形态蕴含了造型上的许多精妙意义。首先，从生物学的角度讲，鸡蛋一头大一头小的形态有利于在鸡生产时排出体外，排出体外的鸡蛋又因为其形态特点只会在原地打滚，不会呈直线方式滚远；其次，蛋壳的构造符合力学要求，厚度适中，既可以保护卵，又可以在孵化后被幼雏从内轻易啄开；最后，鸡蛋的形态用最少的材料实现了空间最大化，其形态优美又有自己的特色。从上述分析可以看出，一枚小小的鸡蛋形态既实现了基本功能（生产、保护、啄开等功能），还能结合结构和材料方面的特点，并具有审美价值。

功能是产品的核心，形态是功能的物质载体，二者密不可分。在设计前需要明确设计的产品是什么，其功能包括哪些内容，然后依据功能分析出产品基础形态的构成关系。例如，一个水壶的基本功能决定了其形态的基本结构——必须有壶身、壶嘴、壶盖和把手（需要提起倾倒水的，还需要有把手），如图3-1所示。不管每一部分的形态如何、它们之间的组合方式如何，形态上最基本的特征是不会改变的。这种功能限定了产品的基本形态，辅助功能也会影响产品的形体。

图3-1　基本结构相同的电热水壶

1. 决定（限制）产品基础形态的功能

早在战国时期，韩非就指出“玉卮无当，不如瓦器”，表明如果贵重的盛酒玉器没有底部，连水都不能存放，其价值还不如普通的瓦器，可见古人很早就意识到作为物品是需要有实用功能的，对于产品而言，功能是产品存在的根本。产品的基本功能，既限定了产品的基础形态，还确定了产品的结构关系，那对于初学设计的人们而言又应该从何入手呢？答案是可以将产品的功能进行分析展开，层层递进，从整体到局部逐步确定产品基础形态。

（1）产品的基本功能决定了产品的基础形态

在进行产品设计时，首先需要了解产品最基本的功能是什么。一般情况下，**产品的基本功能需要一定技术来实现，而技术约束确定了基本功能结构，基本功能结构决定了产品的基本形态**。要实现产品的基本功能，有没有相应的基本物理结构？这个相应的物理结构对产品形态有无影响？从产品的发展历程来看，很多产品的出现，源于技术的使用，一定的技术就会有相应的结构造型/关系。这些由技术因素决定的结构会限制产品的造型，即为**实现产品基本功能的内部结构会限制产品的造型**。

例如图3-2所示的筋膜枪内部结构，该筋膜枪由电机动力模块、传动和按摩头模块、手柄电池模块和控制模块组成，其的工作原理是通过其内部高速转动的电机产生旋转运动，通过连杆转化为振动传给按摩头，前端按摩头再将高频的振动传递到肌肉深层，达到促进血液循环，缓解肌肉酸痛的作用。筋膜枪四个**功能模块的组合/构成方式不同会导致其功能结构发生很大的变化，由此决定的产品形态也变得多样了**。图中的筋膜枪动力模块设置在十字上方，其大小及位置形状和往复机构运动的空间需要对该筋膜枪的造型起到了决定性的作用。图中的功能模块的不同组合也造就了市面上各种各样的筋膜枪的基础形态。

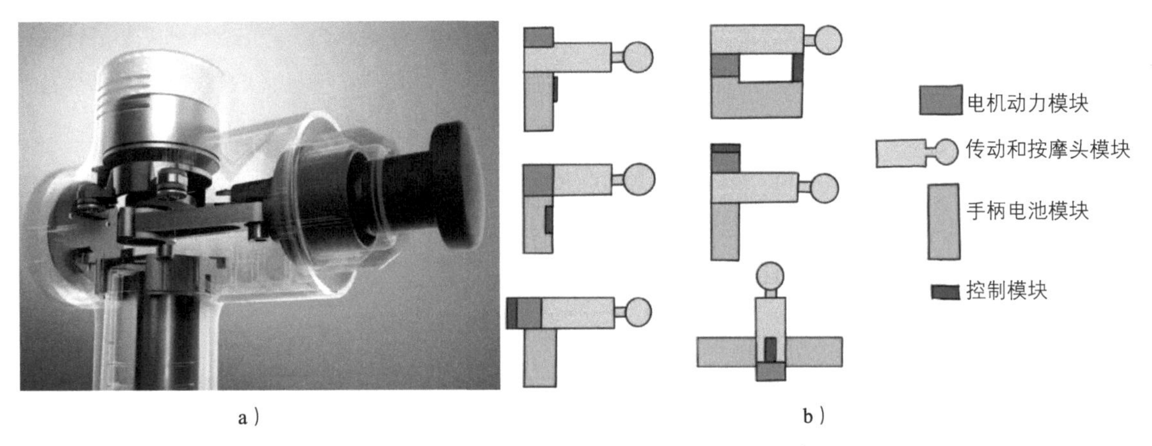

图3-2　筋膜枪内部结构和功能模块的不同组合

a）内部结构　b）功能模块

其次，产品为人而设计，为了实现产品的使用功能，**由人的使用因素决定的、外部不可变的因素也限定了产品的基础形态**。例如日常使用的鼠标、耳机、刀柄、座椅等，这些与人的身体有接触，或用手操作的部分，其外部不可变因素是使用者对产品造型的外部限制。有些产品为了实现功能，既有内部限制，也有外部限制，如汽车，因此其形态设计也变得更复杂、困难。

需要注意的是，即便是**同一功能，由于使用方式的不同，产品的基础形态差别也是很大的**。如图3-3所示，耳机的形态受到人体形态的因素影响，放入耳廓的耳机（入耳式）受到耳甲腔的造型限制，壁挂式耳机则受到耳廓和头部造型的影响，骨传导[⊖]耳机只与头形、头围和耳朵位置有关系。这三款耳机因使用方式的区别，导致产品形态受限的地方是有区别的，需要认真分析，区别设计。

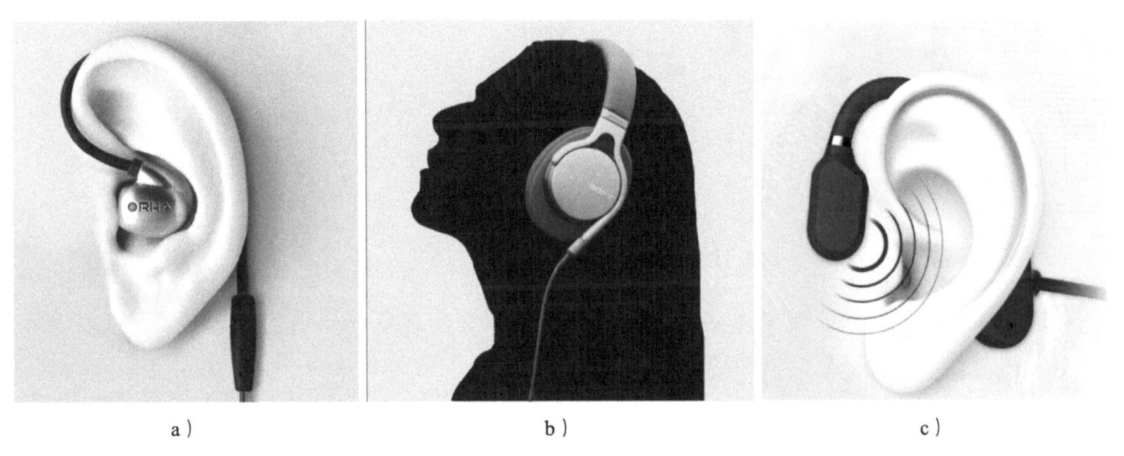

图3-3　功能相同而使用方式不同的耳机

a）入耳式　b）壁挂式　c）骨传导式

⊖ 骨传导是一种声音传导方式，即将声音转化为不同频率的机械振动，通过人的颅骨、骨迷路、内耳淋巴液、螺旋器、听觉中枢来传递声波。相对于通过振膜产生声波的经典声音传导方式，骨传导省去了许多声波传递的步骤，能在嘈杂的环境中实现清晰的声音还原，而且声波也不会因为在空气中扩散而影响他人。

在设计中，产品的使用功能是需要进行详细的分析，功能和使用方式的细微区别也会产生产品形态的差异。如椅子的设计，无论它放在哪里（环境），使用什么材质（材料与工艺），以及什么人会使用它（使用者），其基本功能都是一样的：需要托起人体一定的重量，让人臀部放在坐面上，同时背可以依靠在椅背上，从而达到休息的目的。这一基本功能决定了椅子的产品形态必须由坐面和靠背组成。但是部分椅子需要保障常坐的功能，而一部分椅子需要支持保持端正的坐姿，其使用方式的差别又决定了市面上的椅子的形态差别。对于初学者而言，需要学会分析产品的具体使用方式，即产品基本结构形态是由人的具体使用行为所决定的。

图3-4a所示为汉斯・瓦格纳设计的圈椅，其优雅的曲线为端坐的人（腰部、臀部和手臂）提供了良好的支撑，整个椅子造型优雅而不累赘，严肃而不古板，因而得到正式访谈节目的青睐。而阿诺・雅各布森设计的蚂蚁椅（见图3-4b），因其精简、曲线优美，便于堆叠，受到户外咖啡馆的青睐。阿诺・雅各布森设计的另一款充满自然意味形态的蛋椅（见图3-4c），将实用功能与造型美感极致地结合在一起，雕塑般的蛋椅在为使用者带来舒适感的同时，也能提供归属感和安全感。

a）　　b）　　c）

图3-4　三种经典座椅

a）圈椅　b）蚂蚁椅　c）蛋椅

还有一些产品形态，其功能决定其形态是先天因素。**基础先天形态**如容器类产品必须有凹陷的包容部分，车轮必须是可以滚动的圆形。

（2）辅助功能决定了产品的局部形态

产品基础形态可能仅实现（保障）产品的基本功能，这对于现代的产品是远远不够的。作为汽车的轮毂（见图3-5），它是车轮的内廓支撑，除了必须是圆形——以实现滚动的功能，它还具有承重、散热和审美功能等。例如轮毂上孔的数量和形状是出于承重、散热和审美多个角度进行考虑的，甚至还有风阻系数的考虑。这一些辅助功能决定产品局部的形态。

在这里，可以将产品的基础功能理解为产品搭建了一个简单的整体框架，功能的可视化和有用性需要产品的零部件来辅助产品实现完整的功能。对于初学者而言，可以运用**整体、分区、局部的层层深入方法去分解产品功能因素**。例如，日常使用的吹风机的基本功能是吹风，直接靠电动机驱动转子带动风叶旋转实现，如图3-6所示。风叶旋转时，空气从进风口吸入，由此形成的离心气流再由风筒前嘴吹出。基本功能确定吹风机的整体造型是一个筒形（管状）结构（最基本的功能确定了第一层级的整体形态）。有了技术上的基本功能形态，就必须考虑人们如何使用它。为了满足人们的使用——手持使用，在设计时考虑设置把手，这是满足了使用上的基本功能形态。二者结合就形成了现在吹风机的“T”字形的基本形态，如图3-7所示。

图3-5　汽车轮毂

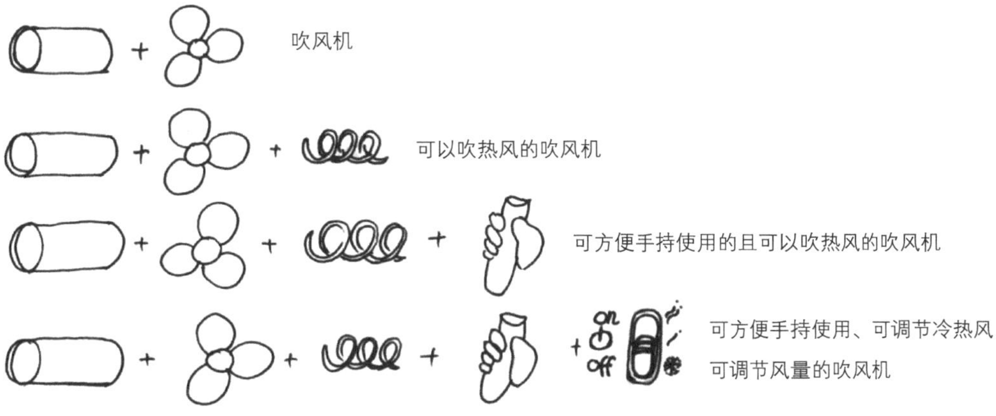

吹风机

可以吹热风的吹风机

可方便手持使用的且可以吹热风的吹风机

可方便手持使用、可调节冷热风
可调节风量的吹风机

图3-6　吹风机功能的分层分析

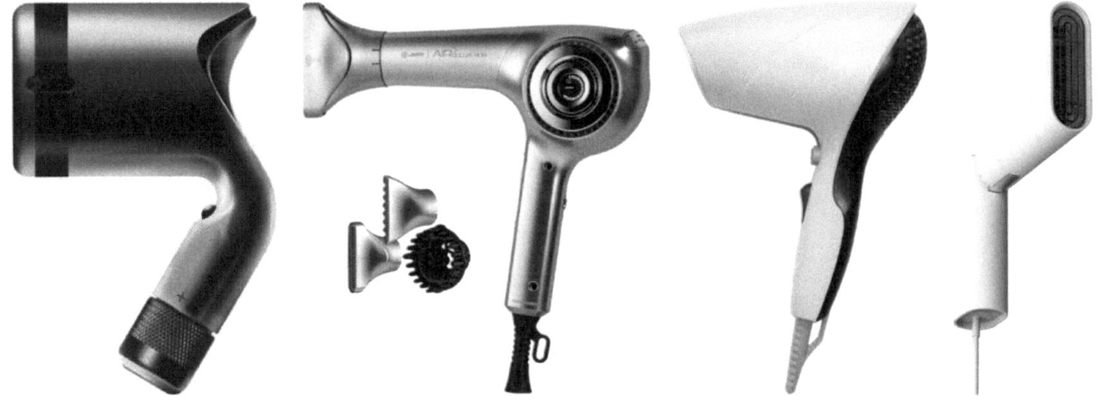

图3-7　各种形态的吹风机

这种基本形态离能销售的吹风机设计还有很大的差距。因为消费者购买吹风机不只是为了吹风这个简单的功能。为了能使用，吹风机不仅需要接入电源，还需要有打开和关闭电源的开关按键；有时还需要它产生具有不同风力、不同温度的风：在吹干湿润的头发时，需要散且大的热风，而在头发定型时需要集中而纤细的高温的热风，甚至是为了保护头发而附带等离子的风，或是为了给头发塑形而添加集中风力的吹嘴等，这些功能均可以定义为产品的辅助功能，也是产品必不可少的功能。

实现产品的辅助功能需要相应部位的形态设计，这些形态主要出现在产品的一定区域和局部上。仍以吹风机为例，若需要风力更集中、猛烈，设计师可对管状结构进行变形设计或加装不同造型的风嘴使其获得相应的功能；或是为了保障进风口更流畅和安全，进风口也需要进行相应的设计，即分区的功能实现确定该分区的形态。最后，为了提高吹风机的操控性和不同模式的切换能力，专门设置了电源开关、调温开关和调风量的开关，并都设置在把手上，以便于随时调节切换。例如在需要热风时，打开发热丝开关，装在风嘴中支架上的发热丝即通电变热，吹出的就是热风。该操作就是通过局部按键控制来完成的。

2. 影响产品形态的其他功能

作为现代产品，只实用功能是远远不够的，因为它是有社会属性的物品，兼有多样功能。简单来说，除了基本功能、使用功能，还有审美功能、信息和情感功能。根据美国心理学家马斯洛的需求层次理论：人的需求可划分为生理需求、安全需求、归属与爱的需求、尊重的需求、求知需求、审美需求、自我实现的需求七个层次。一个产品也需要满足人尽量多的需求。产品被设计师设计出来，再由工厂生产出来，最后需要被消费者购买使用，才算完成作为产品的使命。

（1）产品形态的审美功能

在日益丰富的物质面前，消费者在购买产品时，也会受到产品的外观造型风格、个性的色彩和材质等因素的影响。这就是产品形态的审美功能，即美感和风格等方面的功能。消费者在购买产品时，除了须具备一定的功能，更喜欢具有形式美感和个性化的产品形态。这在个人消费品、娱乐时尚类的产品中表现得尤为突出，如家庭的日用品和时尚类产品。图3-8所示的不同形态的小电扇就会吸引不同的消费群体。

图3-8　不同形态的小电扇

（2）产品形态的信息和象征功能

产品还可以通过其形态设计注入设计者想要表达的信息，如精神象征、情感及使用信息等，这类具有象征功能的产品形态呈现出一定的个性化特征和风格，可以满足消费者某些精神、情感方面的需求。这类象征性的产品与功能性、审美性产品的不同之处是更能凸显产品形态对人精神的满足。在设计前，设计师需要先确定产品属于哪种类型，才能找到产品形态设计的侧重点。但值得注意的是，并不是功能性的产品就不讲究形式美感，象征性的产品就不需要功能。例如椅子不仅是休息设施，其形态还可以具有象征功能，古代皇帝的御座庄重威严、装饰细腻、繁复华贵，其上的龙形图案在当时不能被普通人所使用，所有的信息都表达出权力不可侵犯和复制；而红木椅子采用尊贵的紫檀木，细腻的质感和天然的木纹，加上流畅的古典线条，彰显的是富贵和价值。

3.1.2　产品形态与产品语义

产品语义学兴起于20世纪80年代，通过学者和设计师的大力推动，产品语义学普及得很快，给当时低迷的现代主义设计注入了新鲜血液，也深刻影响了当代的产品设计。

工业时代的产品可以用“形式追随功能”来概括：产品的形态（造型）让人可以洞悉产品的功能，产品操作区对应产品的控制部件，产品构件显露，易于拆解。正如3.1.1节所探讨的主要内容，现有大部分产品的基础形态还是由产品功能转化而来的。但是随着科技的进步，信息时代的到来，以及电子功能元件的不断缩小、集成，这类信息含量高的产品变得不能或不容易被理解。这类产品的具体功能已脱离了“形式追随功能”的原则，展现给消费者的是一个集约、虚拟的界面和包裹起来的功能“盒子”。这类产品的设计对于消费者和设计者都是一个挑战。设计者的一个编码过程受到多方面因素的影响，但是消费者又能否理解设计者的编码呢？产品语义的出现，让产品的形态设计可以通过其语言为消费者和设计者搭建合适的桥梁。例如图3-9所示的由深泽直人所设计的CD播放器，就是用一根拉线搭建了合适的桥梁，即使不知道这是CD播放器，好奇心也会驱使人们拉动拉线，音乐随即响起，实现了播放功能，也达成了人们对产品的认知。

图3-9　CD播放器（深泽直人）

1. 产品语义的概念

产品语义中的“语义”从字面意思理解是指语言的意义，如果将产品类比于语言，那么产品语义学就是研究产品语言的意义的学问，因此“产品语义”又被称为“产品语意”。由于语言是一种重要的符号，产品语义学的理论基础就是符号学。产品语义学是研究人造物的形态在使用情境中的象征特性，以及如何应用在工业设计中的学问。产品语义学弥补了人机工程学这种传统设计理论的缺憾，因为人机工程学主要是对人的物理及生理的机能进行研究，而未将人的心理、精神因素考虑到设计中。产品语义学结合了艺术学、传播学、逻辑学和心理学等多学科。**设计师可以运用多样方式通过产品的形态来传达语义**（见图3-10）。从产品语义学来认识产品，产品不仅需要具备物理功能，其形态还应具备操作方式的提示功能，以及产品的象征功能等。正如唐纳德·A·诺曼在《设计心理学——日常的设计》中所提出的观点：设计必须反映产品的核心功能、工作原理、可能的操作方法，以及反馈产品在某一特定时刻的运转状态。设计实际是一个交流过程，设计人员必须深入了解其交流对象。

图3-10　通过产品的形态来传达语义

2. 产品语义的形成

法国学者德鲁西奥-迈耶在《视觉美学》[⊖]中写道："一件艺术作品不是独白，而是对话。"与工业生产联手的现代设计产品服务于广大的使用者。消费者、受众和设计师必须学会这种对话方式：产品是无言的。但一个经过精心设计的产品，其外形是"无声胜有声"的，正如人们用语言、文字、手势彼此交换信息，对于产品而言，它们用一套独特的"语言"与人们交流，这种是包含在产品形态之中的语言系统。因此，产品是符号，产品设计则可以理解为符号的设计，即通过产品形态的设计来传达设计者的思想意图（意义）。产品形态要发挥语言或符号作用，就要使这种语言能被人们所理解，不产生认识障碍，这就必然要求存在一种大家都能理解的约定关系，否则这种意义的传达就是混乱的，即一个符号要让人理解，必须先要让人懂得其中的约定关系。设计者总希望使用者按照其计划行事，并产生其所预期的心理反应，因此设计者与使用者必须共同拥有一套完整的社会约定。这样通过设计符号，设计者的意图才会被使用者理解和接受，设计产品才会与使用者的行为方式相适应。要想准确掌握这种约定关系，就必须理解符号形式与其意义的约定关系。

首先，约定关系建立在人的生理特征基础上。人的生理特征是基本稳定的。人的尺寸，包括身长、肢长、活动幅度、生理节奏、运动速度、力量等大体相同，有规律可循。当产品按照人的生理特征设计时，人们对其会产生本能的适应和理解。路旁座椅的形式可以是千姿

⊖《视觉美学》由法国学者德鲁西奥-迈耶所著，以纯艺术和设计作为研究对象，探讨美。

百态的，但只要符合人体的基本倚坐尺寸，就会有人停下稍事休息。**其次是人的心理特征的约定**。利用心理特征的约定，可以将意义传达给使用者。人的视觉对外界刺激有着近似的反应，方正的形状给人以稳定感，圆形给人滚动、弹性的感觉……**此外，还有人的行为特征的约定**。

除了人的因素，还有环境和经济技术方面要素的约定。在自然条件不同的地区内，人们因地制宜、因材致用，创造了不同风格、不同形态的物品。这样就在自然—物品—意义之间建立了某种对应关系。**最后是世界观和文化伦理方面的约定，也会形成特定意义与形式的关联**。

设计师的语言最终是通过形态表达出来的，这需要设计师不断积累经验，增加对形的感受力，并能科学地分析人与环境之间的内在联系，同时还要了解使用者，因为使用者是因人而异的。同一种东西，不仅对不同设计师会有不同的意义，在使用者之间也会产生极大的差异，只有充分了解使用者和使用经验与习惯，才能创造出被人接受和理解的符号。

3. 产品语义设计的原则

产品形态既是功能的载体，也是信息的载体，还是设计师向受众传达思想和理念的物化载体，更是产品文化身份精神的象征，是赢得受众心灵共鸣的设计语义表现的形式之一。产品语义的设计需要设计师了解现代设计信息编码、发送、传输和接收的客观规律，在设计时要考虑产品应当具有的信息成分和如何正确地传送信息。

（1）产品语言的可理解性（易识别）

唐纳德·A·诺曼在《设计心理学——日常的设计》中指出好的设计有两个重要的特征：可视性和易通性。可视性是指所设计的产品能否让用户明白怎样操作是合理的，以及在什么位置及如何操作。易通性是指所设计的意图是什么，产品的预设用途是什么，以及所有不同的控制和装置起到什么作用。现代设计是为大工业生产服务的，产品设计的根本目的是为人提供服务。因此，产品形态需要具有可视性和易通性，其形态语言能被人们所理解，不产生认识障碍。对于创新类产品，如果产生了新的造型语义，那这种语言就必须能够易于学习，便于识别记忆。什么样的语言是可理解的呢？正如符号的形成一样，能被理解的设计语言，产生于约定关系（人的、社会的、经济和技术的，以及世界观等要素），也就是设计的符号语言具备普遍性、共通的约定关系，这样的语言才具有可理解性。试想当你第一次在西餐厅用餐时，你看到刀叉的形态后，可能直接拿起来用，经过简单的尝试，就能非常熟练地使用。即使你不会使用，也可能在观察旁人如何使用后，自行熟悉，也不会觉得很难，这表明刀叉的设计提供给使用者可以简单自学使用的提示。同样，判断一个产品的设计是否成功，更为简单的方法就是观察使用者能否不用别人教，只是通过观察、尝试即能正确掌握操作过程并学会使用。例如图3-11a所示的由丹麦设计师所设计的双层果盘，其语言清晰可理解性强。图3-11b所示的零钱收纳盒语言也是非常清晰，盒子——容积、盘子——存放、开口——投递口，每一部分都明确地表达设计者清晰的意图——收纳零钱。当人们看到盘子中央一个刚刚好能放入硬币的开口，潜意识地就想掏出自己兜里的所有零钱放进去。

a）　　b）

图3-11　产品语言可理解性示例

a）双层果盘　b）零钱收纳盒

（2）传达方式的内在性和象征性

传达方式的内在性是指形态在传达功能和情感时，常用**隐喻或象征手法**，而非直接通过贴标签或加文字来表达，包括产品特性、生产厂家、品牌特征、质量信息等。就像我们现在看到一个产品，其外表光洁、曲直面结合、表面为银色的，人们会认为这是一个电子产品。IBM确实是一个独特的案例，IBM这个品牌在电子科技界，可谓人尽皆知。IBM设计语言刚刚与我们认为的电子产品语言是相对的。IBM喜欢简洁、纯粹、坚实的几何形，暗黑不反光的材质塑造的是一种可靠、有力的品牌形象（图3-12a）。IBM通过这种特意的设计，与今天充斥于市场的外形各式、色彩花俏的设计形成了鲜明对比。这种隐含在产品形态内部的品质，通过隐喻和象征手法表达出来，使IBM品牌被更多人接受认可。

产品形态使用象征手法传达信息时，含蓄且意味深长。图3-12b所示的戴领结的红酒瓶，运用象征手法，让酒瓶带上领结，酒瓶变成一个优雅的绅士。这不仅隐喻喝红酒的高雅氛围，还兼顾了使用功能（在卧放存放红酒时，领结造型起到固定红酒瓶的作用），这个领结的造型可谓一举两得。

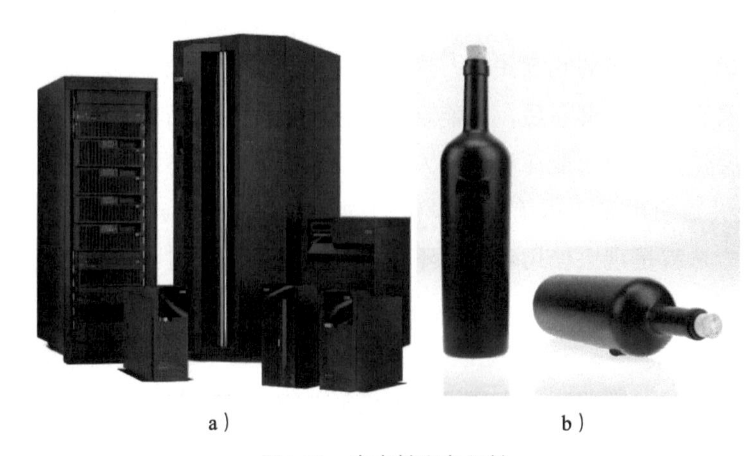

a）　　b）

图3-12　内在性和象征性

a）IBM服务器　b）戴领结的红酒瓶

（3）形态语言具有时代的适应性

形态语言具有时代的适应性主要指两方面：一是科学技术的进步，带来了很多新产品，这些新产品具有属于自己时代的形态特征；与之相匹配的操作方式也在变化。二是指产品形态与时代精神、文化特征相适应，以带动生活时尚的发展。时代性归根结底是技术性，它是建立在现代科学技术基础之上的。在材料及工艺技术提升的情况下，产品曲线造型在过去是非常流行的。而在当下，随着智能产品越来越多，造型更趋于简洁，往往只有一个功能开关键，其他的按钮被隐藏或被省略，甚至一些产品形态上连一个按键都没有（见图3-13）。这类产品通过触摸屏或传感器感应到人们的活动（触碰、靠近、拿起、语音）而被唤醒，该种处理方式被视为这类产品的时代性。

图3-13　小米智能音响

3.1.3　产品形态与消费心理

产品的诞生离不开消费者。现代设计最初提倡的“形式追随功能”到“形式追随市场”“形式追随激情”和“形式追随销售”都彰显了产品形态设计与消费心理的紧密关系。产品形态设计与消费者心理研究的主要目的是建立设计者与消费者的沟通桥梁，使工业设计师了解消费者的心理规律，以使产品的形态设计最大限度地与消费者的需求相匹配，从而满足各层次消费者的需求，获得更好的市场效益。

1. 消费者的需求

马斯洛认为处在社会中的人有多层次的需求：生理需求、安全需求、归属和爱的需求（社交）、自我实现的需求。同样人对产品的需求也是多层次的。按照马斯洛的逻辑可以推导出人对产品的需求：**基本功能的需求、安全性能的需求、审美的需求、情感的需求、产品社会象征的需求**等。

此外，消费者在购买产品时，还会受到其他因素的影响，诸如：消费者的消费动机及影响消费决策的各种因素，包括：消费者所处的地域环境、社会文化、政治及经济因素，消费者获得商品信息的途径、商品的品牌因素，消费者所属群体、家庭、个性影响因素，商品的价格、生产商的广告宣传因素，以及当前消费的趋势等。

2. 产品的形态设计与消费需求

好的设计是对理想世界的构想。好的产品形态是在产品与消费者之间搭建一个沟通桥梁。从一个产品的生命周期来看，这个桥梁的功能是在变化的，产品形态设计的侧重点也是有区别的。

在新产品进入市场之初，满足消费者的第一性需求，即满足消费者的物质性的、自然性的需求是设计师的首要目标。也就是说，包括生理上、安全保障方面的需求和物质性的需求对于消费者来说是第一性的，产品设计的目的就是要满足这种需求。该阶段产品的形态设计是对产品功能的可视化、易用性的设计，如图3-14所示。

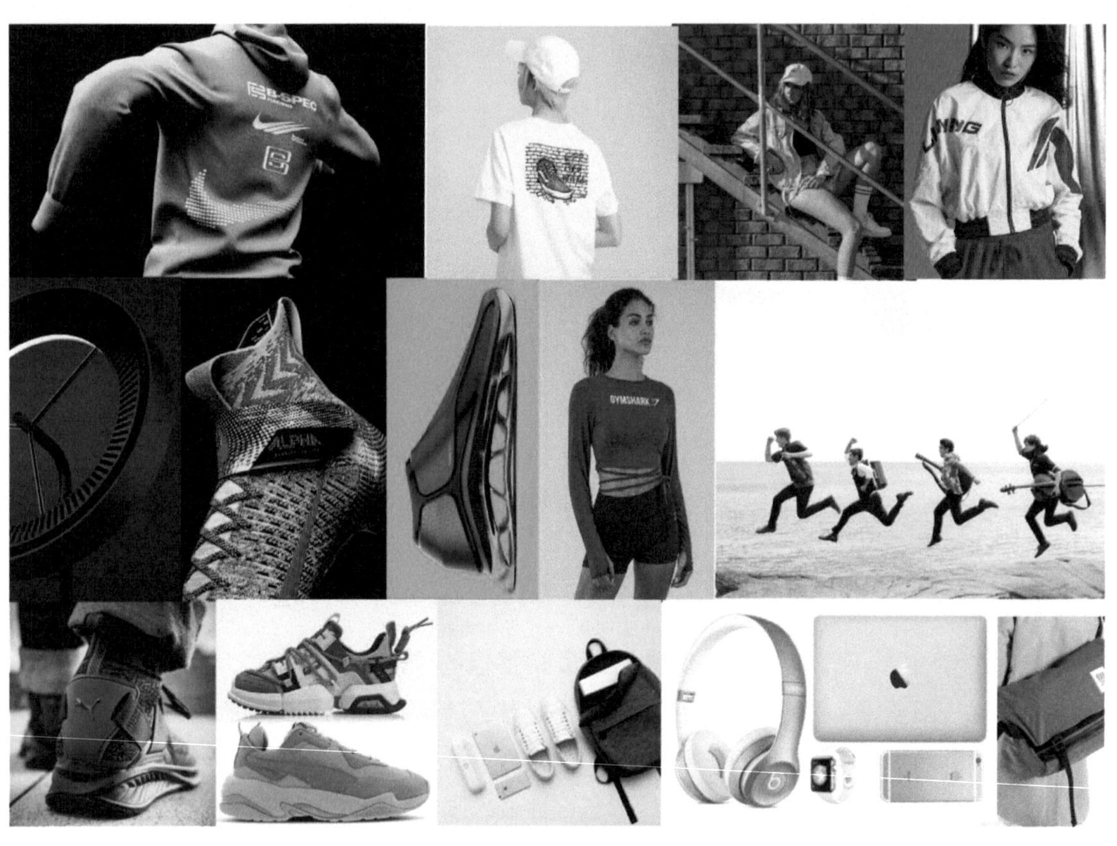

图3-14　消费者拼图（选自叶文诗的设计调研）

当物质性的、自然性的需求得到满足后，消费者的另一个心理需求就会上升。对于产品而言，消费者的精神需求主要表现为消费者对产品的审美需求。设计所创造的产品形象，它既是实物，又是展示给消费者的视觉形象，因此，**为了满足消费者的审美需求**，必须把**研究的重点从“以物为中心”转移到“以人为中心”上**，研究消费者如何感知形态和色彩，即通过研究消费者的视知觉心理来指导产品形态设计。通过研究消费者如何感知形态，发现视觉形象与本来客观存在的往往不一致，其原因是在主体的直接参与下，感知的过程并不等于物理的映射，还包含生理的反映和心理的判断。以此来考虑产品的形态设计，能使消费者对产品产生更美妙的心理感受。因此，除了物质性的、自然性的和审美的需求，消费者的另一个心理需求就是精神需求，包括社交、情感和使用体验的需求，即重视由产品引发的心理感受。该阶段产品的形态设计更重视形态的情感、象征和使用体验的设计，而这也与当前工业设计的目标相吻合。

随着社会文化经济的发展、生活质量的提高，作为设计师，设计的产品不仅需要解决产品的物质功能，还需要考虑消费者的审美需求和心理需求、使用体验等，这就**要求设计师必须对社会、文化领域及人们现实的、变动的审美心态有准确的把握与深刻的领会，同时了解生活及生活中的消费者，并能有效地感应消费者深层次的需求。**

3.2 产品形式美的造型法则

美是什么？什么是美的？马克思认为美诞生于人类的实践，这是人脱离动物最大的区别之一。原始人在制造工具之前，很长一段时间是使用天然工具来延长肢体和感官的，这标志着人类开始运用客观的自然规律作用于自然界。原始人正是因为有了这种从使用天然工具转化而来的思维和智力，才有了制造工具的活动。制造工具的出现，实现了人与自然、目的与规律的统一，其形式就是美。美的最初存在，就是在物质生产实践领域。首先，它存在于改造自然的物质生产活动之中，原始人开始制造和使用第一把石制工具的活动，将主体的需求、目的同客体的自然规律通过自然形态的初步改变结合统一起来，在该种活动中产生了萌芽的美或原始的美；其次，它存在于物质生产的产品之中，原先以动态过程存在的美物化为静态存在的美，如各种生产工具、生活器具及多种多样的劳动产品的美，进而扩展到自然、艺术及科学领域。

产品形态的形式美法则是设计师从构成形式角度探讨产品设计的一种方法。以产品造型的形式手法作为切入点，通过形式的表达来实现产品的功能。虽然形式美法则的目标都是追求形式美，但是在产品形态设计与创造中运用形式美法则应该结合产品形态的设计过程，而非孤立且教条式地运用形式美法则。

一个优秀的产品设计，其形态设计需要兼顾方方面面。设计师需要运用在形态设计要素方面的各种能力，设计出既满足人们的生理需求，又满足人们精神需求的能够批量生产的物质载体；还要让消费者在使用该产品时感到易于上手且便于使用，并使其记忆深刻且有美的享受，而这一设计过程是融为一体的。在设计时，怎样才能获得想要的、美的产品形态？其实可以将形式美法则融入形态设计过程中：在确定产品基本功能形态的基础上（每个产品受使用、技术、人机等要素影响，形成特定的基本形态），第一步是利用**比例**关系确定产品形态的大关系；第二步是先利用**平衡**关系获得产品的不同姿态，再**重复**利用独特的造型元素去塑造产品特征；最后一步是利用**统一与变化**原则去推敲整体关系，从而完成产品的形态设计。

3.2.1 利用比例关系确定产品形态的大关系

古希腊的毕达哥拉斯学派最早提出以和谐为美。该学派认为“数是万物的本原”，一定的数的比例关系能构成和谐的关系，因此，神秘的和谐现象是由比例、尺度和数构成的，

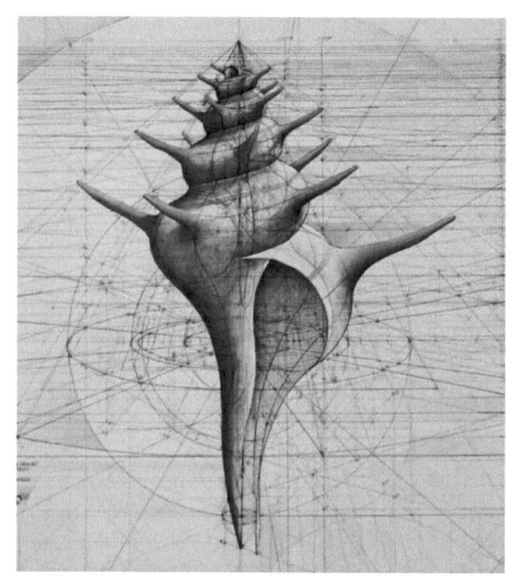

图3-15　黄金比例插图

而和谐本身则是以各组成部分的数学关系为基础的。在产品形态设计中，这种数的比例关系是非常重要的。在产品基础形态设计中，形态的长、宽、高，或者组合形态的形态之间的关系，是第一步需要确定的，即**找到它们之间合适的比例关系**，也就是毕达哥拉斯学派所说的和谐关系。好的比例关系能得到意想不到的舒适感，或是不同的比例调整也有不同的效果。因此，设计形态的第一步应该是调整形体间的比例关系。

比例关系有很多，并且都有属于自己的美。例如希腊人早在雅典卫城的帕提农神庙中就运用了黄金比例给建筑带来经典的美感。20世纪颇受欢迎的甲壳虫汽车也符合黄金比例。如图3-15所示，由委内瑞拉艺术家手绘的黄金比例插图，呈现了数学之美。除了经典的黄金比例，日常生活中还存在各种具有不同美感的比例关系。在做产品造型时，可以考虑产品适合使用什么样的比例关系，如中庸的、经典的或是稍显偏激的比例关系（见图3-16）。当比例关系的大基调确定后，产品造型的感觉基调也就随之确定下来了。

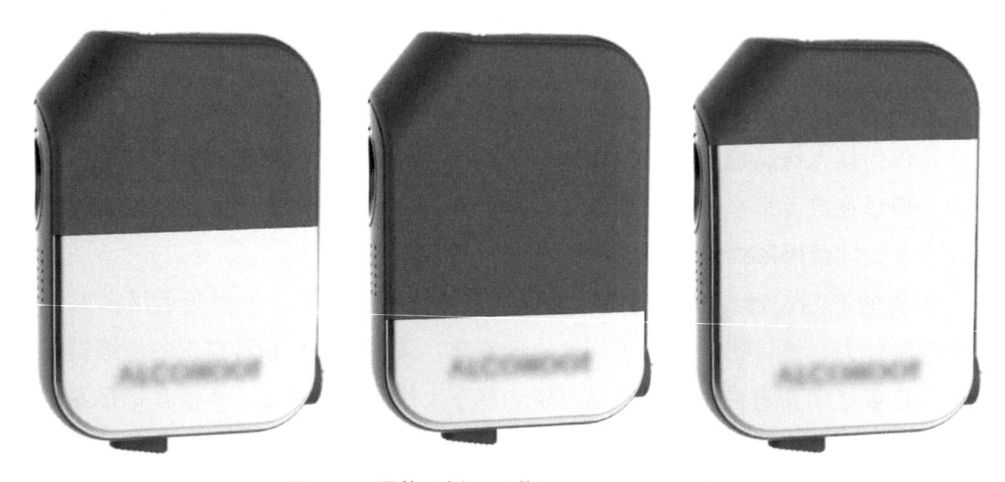

图3-16　调整比例可以获得不同的产品形态

此外，在设计过程中，也可以通过调整产品的部分与整体的比例关系，获得一个不同感受的新产品。例如，汽车的前脸元素主要包括进气口格栅、前照灯、雾灯和保险杠等，当对这些前脸元素进行比例调整后，就可以获得风格不同的汽车前脸。图3-17a为修改前的汽车前脸；图3-17b是将进气格栅在原比例上进行了缩小处理，让汽车前脸显得中庸小气；图3-17c是将进气格栅和前照灯进行压扁处理，使前脸在视觉上仿佛整体加宽了一些，而细长的前照灯加进气格栅又让汽车的整体感觉变得锋利一些，更具个性。再来看宝马3系的前脸变迁（见图3-18），就会发现这种调整比例的方法在汽车造型设计中是常见的。从图中可以看出宝马前脸的两个进气口格栅在更新迭代中的比例不断扩大、变宽，前照灯在汽车前脸中的比例逐渐缩小，并有压扁处理。这让宝马3系前脸变得符合时代的审美。通过前脸的形态微调和比例调整，宝马家族基因在更代设计中拥有了一张辨识度极高的家族式前脸。

a）　　　b）　　　c）

图3-17　汽车前脸的比例调整（选自设咖工场的课程教学资料）
a）修改前　b）修改后①　c）修改后②

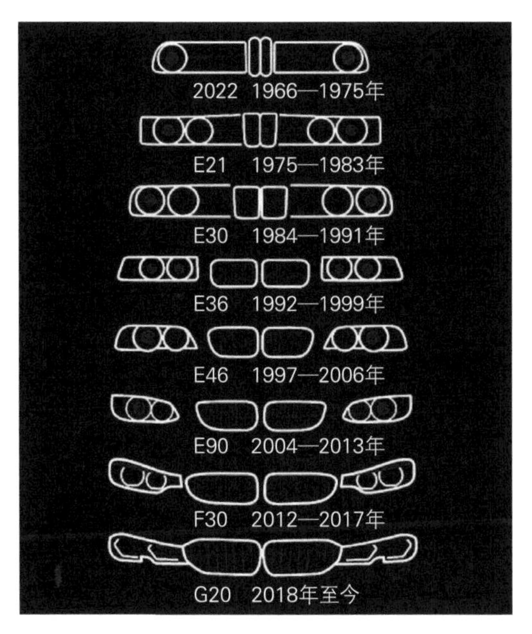

图3-18　宝马3系的前脸变迁

3.2.2　在平衡关系上确定产品姿态

在确定产品形态大致的比例后，第二步就是运用平衡关系确定产品的整体姿态。**产品形态需要立得住、站得稳。**这种稳定来自产品姿态给人的一种平衡，如果一个产品缺乏稳定感，会给产品形态带来严重缺陷。因为稳定感是人类在长期观察自然中所形成的一种视觉习惯和审美观念。符合这种审美观念的造型艺术才能产生美感，违背该项原则的，容易让人产生不安全感，看起来可能会有不舒服的感觉。

平衡关系可以通过平衡和均衡两种方式获得。布局上等量等形的是简单的平衡；等量不等形的平衡称为均衡，是一种复杂的平衡，也是一种“知觉力”[⊖]的表现。在造型中，均衡可以通过造型元素的空间位置、大小、距离、形状、角度、色彩等获得平衡感。在造型中打破视觉平衡以获得独特的形式美，虽较为少见，但可以获得很好的视觉效果。

产品的姿态是产品展示给用户的体态的立场，是搭建在平衡关系基础之上的。不同的姿态会给人传递不同的气质，因而要比产品内容造型及细节优先考虑。姿态的呈现对于产品形态而言是非常重要的，独特的姿态帮人凸显其优雅独特的气质。不同类别的产品及同类产品中不同风格的产品都需要塑造一个自己独有的姿态。就人而言，有站立、卧、坐等姿态，产品在使用环境中就像一个可以帮助人们完成某项工作的助手，人们向它下达指令，它以特有端庄的、俏皮的、亲切的、恭敬的姿态等去完成指派的任务。

站姿是产品姿态中应用最多的一种，也是垂直空间中的一种延伸，更是一种语义交互上最强的产品姿态（产品的形态给人最直观的情感上的映射），如图3-19所示。站立的姿态在纵向上达到平衡，更有人的灵性，一般站立产品潜含着毕恭毕敬的“侍候”的意思。站立姿态还可以分为如军人般严肃端正的直立姿态，俏皮、惊讶的倾斜姿态和生动感性的S形姿态等。如果姿态稍往后倾斜，打破了原有的稳定和端庄，这种视觉上的不平衡会带给人不一样的非凡感，往往会让人感到惊讶、疑惑。例如图3-20a所示的倾斜的调味瓶，容易给人俏皮的感觉；而图3-20b所示的B&O的电话，则是微微弯曲，呈现出恭敬的姿态。

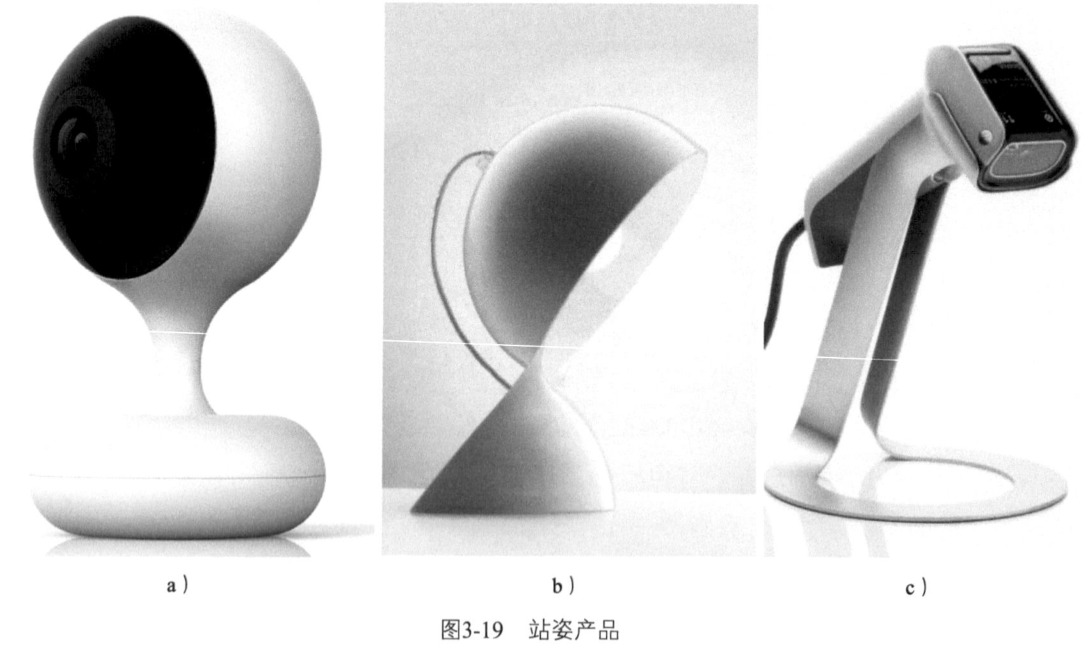

a）　　b）　　c）

图3-19　站姿产品

a）忠实的　b）亲切的　c）专注的

⊖ 知觉力是付诸于人的视觉感受的，是属于创作艺术作品、观看艺术作品而产生的实际存在的心理上的力。这种力产生的信息并不是由理智能力得到的，也不是由情感能力获得的。这是在光的作用下大脑皮层对形象直观的反应，是不掺杂着情感体验的一次活动，在此次活动中由于有种类似于物理力的心理力的参与而称此力为“知觉力”。

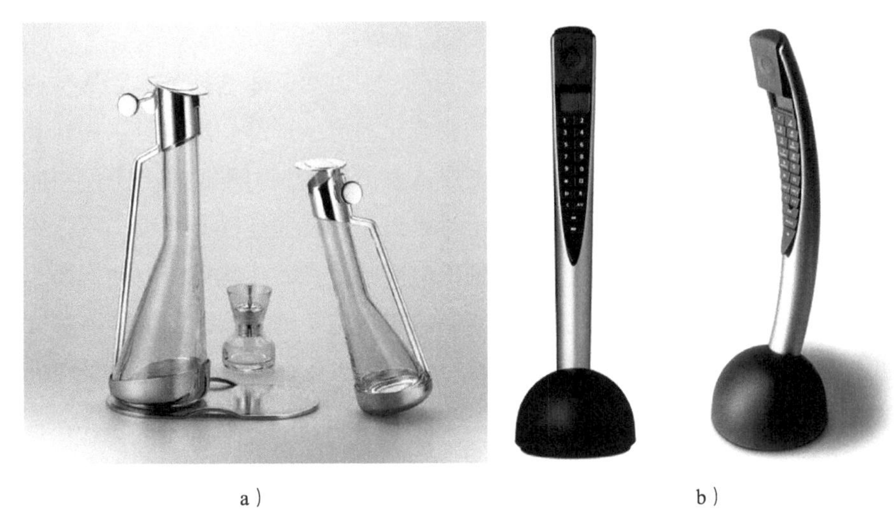

a） b）

图3-20 打破原有稳定的产品示例

a）俏皮的调味瓶 b）恭敬姿态的B&O的电话

相对于站立、纵向上直立，卧姿是进行横向上的空间延伸。卧姿的产品可能会有更重的东方意味，比较平稳、端庄、宽阔、放松、舒展，如图3-21所示。有些“卧”起来的产品在底部加了细小的基座或者薄片状的支撑物，这些细小的支撑隐藏在相对较大的身躯之下，让庞大的身躯“浮”起来，体态上更显轻盈。卧姿中两头向上翘起，像人在锻炼时的小腹内收，腿部绷紧，身体呈现V形，会有一种肌肉收紧的感觉，这种卧姿的产品在视觉上呈现了力量感。

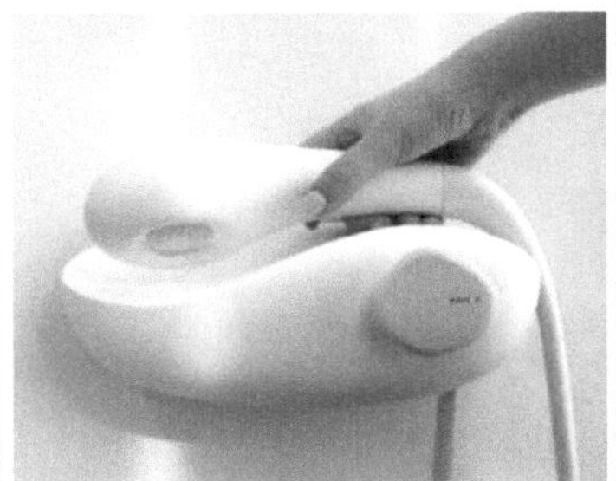

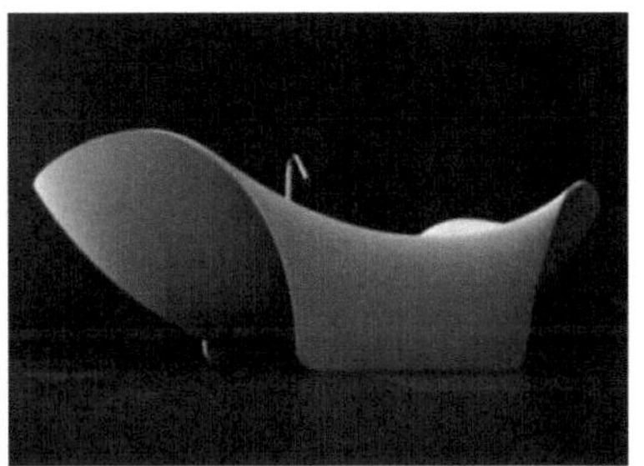

图3-21 不同的卧姿产品：力量、放松和舒展

坐姿在产品形态中也是传统产品体态。坐姿是重心最稳、与地面接触最牢固的一种方式，也是一种比较保守的产品体态。

3.2.3 利用重复塑造产品的个性特征

任何一件产品都必须依靠物化的形态来吸引消费者，消费者在使用产品的过程中获得一定的体验和心理感受。这种体验和感受的好坏取决于消费者对产品形态的解读。而最能影响消费者判断和分析的，正是产品的（独特的、令人愉悦的）造型特征。在设计产品形态时，每个设计师都想将自己的产品设计成独一无二的，这是毋庸置疑的，但在很多时候却变成哗众取宠。对此，其实有一个很简单的做法：重复使用或者出现简单的造型元素，这样还会产生一定的韵律或节奏感。控制韵律或节奏就能让产品形态产生显著的特点。

在产品的造型设计中，任何一个形态都是由点、线、面、体这些基本元素构成的。设计者正是通过对这些基本元素的运用，造就了千变万化的产品形态。这里可以先看看点、线、面、体几个基本元素在产品形态中的特点：点在造型设计中，由于过小而不能构成产品的形态特征，常被用于细节处理上；而面和体因相对过大，其特征往往不明确、不强烈，可能造成“不识庐山真面目，只缘身在此山中”的困惑。因此，在以点构线、以线构面、以面构体的造型基本规则中，**线是本身具有特征且最能影响整体造型的、能识别的最小单位**，那么可以把产品的主要特征简化为对“线”元素的特征处理。也就是说，在产品造型中借助线元素特征的重复使用（并结合节奏关系），可以很好地塑造产品的特征。

产品造型的特征线可以分为整体轮廓特征线和局部特征线。整体轮廓特征线是指能够影响产品造型风格的外观轮廓线条；局部特征线是指影响产品局部造型特征的线条。局部特征线往往依托于整体轮廓特征线存在，并在风格上与整体轮廓特征线保持一致。一般来说，整体轮廓特征线是影响消费者注意力前期的特征线，它对消费者产生的影响较大；局部特征线属于影响注意力后期的特征线，虽然在整体上对注意力的影响较小，但是在产品外观造型类似的情况下，局部特征线的差异也会带给消费者不同的体验。由此可见，不论是影响消费者注意力前期的特征线，还是影响消费者注意力后期的特征线，都是影响产品特征与造型风格的关键线。这些关键的特征线都可以被重复利用，帮助塑造人们想要的产品独特的形态特征。例如图3-22所示的两款宝马摩托车，其整体轮廓线的特征是有区别的：一款倾斜线为主，一款水平线为主，而局部特征线也对整体轮廓线进行了一定的呼应，它们共同塑造了摩托车独有的特征。

a）　　b）

图3-22　两款特征线不同的宝马摩托车

在形态特征塑造过程中，特征线的重复塑造可以获得产品形态上的个性特征，或采用单纯形态的重复并列，或采用形态结构的渐次变化，或采用色彩与材质的变化及调和的处理，这都会产生既有鲜明形象，又有变化层次的节奏的特征。这些特征不仅可以强调与加深人们的印象、突出主题及构成韵律的产品造型效果，还可以获得相应的秩序感与协调感。

3.2.4 从统一与变化原则塑造产品形态整体关系

英国知名设计师巴克斯特（Baxter）在其著作《产品设计与开发》中提出：“人们观察物体时，先快速扫描整体，然后才注意其细部。通常前期的认知过程具有整体意象优先性，而此整体意象优先性也会形成对细部观察的影响或支配”。根据巴克斯特的“整体意象优先性原则”，产品的外观整体造型在视觉前期占影响人类视觉的统治地位。由此推断出，产品造型外观轮廓的线条更易影响人们对产品的感受与意象，这也符合设计中的“先整体、后局部”的原则。

整体协调就是形态设计的基本要求之一，造型与造型之间、元素与元素之间、元素与造型之间都要求达到一致的协调性才能够保证最终的设计结果整体性。使形态达成协调的方法：**统一的趋势和元素的重复**。

统一的趋势。无论产品形态元素或造型多么复杂，只要同一纬度或方向的特征线的走势相同，就能形成一定的趋势，达到统一的目的（见图3-23）。

图3-23　统一的趋势（选自设咖工场的课程教学资料）

元素的重复。同一元素重复出现，能增加整体的协调性，强化其视觉效果。可以在元素重复出现的同时稍微加一点变化，这样就不再是简单的重复出现。例如图3-24所示的Mono-Racr摩托车，它由Huge Moto改装而来，从侧面形态可以看到设计者重复运用了大量的特征线——大角度、有倒角的折线，在分析其形态时可以看到摩托车的造型之间非常**协调且有变化**，而非针锋相对或者完整的单一复制，因而可以获得简洁又独特的造型。

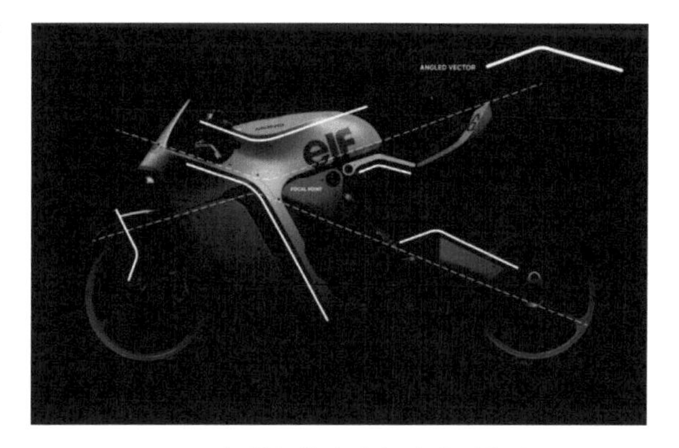

图3-24　重复特征线在摩托车造型中的运用

要想塑造产品的整体关系，掌握统一的方法相对更容易，但是需要注意：在视觉活动中，对过于单一而平板的形象容易引起视觉疲劳，导致心理上的反感，因而适度的丰富变化往往是令人愉悦的，在视觉中也容易产生适合与美的感觉印象。所以说**变化是必需的，只是变化是统一基础上的变化**。变化追求的是丰富性，而统一追求的是整体性。例如绘画中色彩的丰富变化和色彩的基调，电影音乐中的主题旋律和变奏旋律，都是统摄各种艺术处理手法的基本原则。在产品形态设计中，变化与统一运用更为重要，基本的功能要求决定了它们的共同基础形态。产品的基本功能要求产品造型不是纯粹的艺术欣赏品，而是以实用功能为主的造型形式，其形式不能有过大的冲突，而应有利于组成和谐宁静的生活或生产环境。

3.3 产品形态（构成）元素的细化

在分析产品形态设计中的构成要素时不难发现，任何形态不论其如何复杂、如何奇特，无论是自然形成的，还是人为造就的，都可以分解为基本的构成要素，即点、线、面、体、空间5种基础形态。产品的形态也离不开点、线、面的处理。在第1章中，已对形态的元素进行了分析研究。下面将把这些元素放到产品形态中去分析、设计和细化丰富，以满足产品形态的可用性、美学和实用性要求。

细化是为了使设计更合理，形态更丰富和更具吸引力。目前，很多人认为随着信息时代的到来，产品形态趋于同质化，造型也趋于简洁。事实上，越是简洁的产品，越需要推敲，丰富其形态，可以说是更精准化了。苹果公司对其产品细节的推敲可谓是做到了极致。例如2021年发布的iPhone 13系列（见图3-25），iPhone 13 Pro Max 、iPhone 13 Pro、iPhone 13 mini看上去仿佛就是放大缩小版，但事实并非如此。首先，以中间尺寸的iPhone 13 Pro为基准进行缩放，可以看出它们的圆角（倒角）与机身比并不是按照大小关系来排列的，iPhone 13 Pro Max的圆角与机身比并不是最大的一个。其次，再看这三款iPhone的镜头设置（见

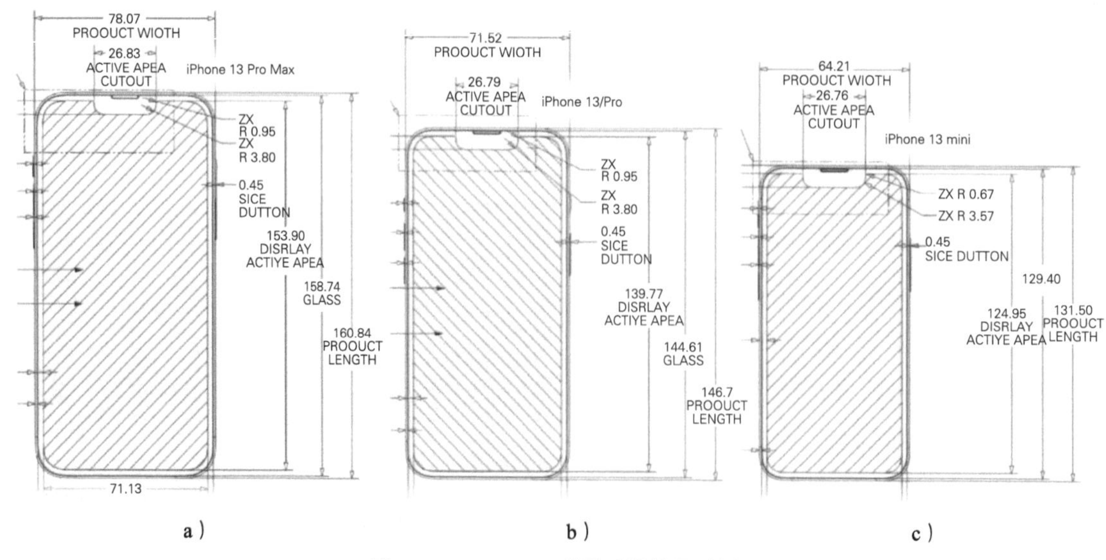

图3-25 iPhone 13系列手机的尺寸图

a）圆角机身比约为0.2219 b）圆角机身比为0.2222 c）圆角机身比约为0.2194

图3-26），也是经过精心考虑的。iPhone 13 Pro和iPhone 13 Pro Max 使用同一镜头组，但是iPhone 13 Pro 的超广角镜头外观尺寸竟然比iPhone 13 Pro Max的超广角镜头大一些。究其原因，从视觉均衡的角度来分析，可以看到iPhone 13 Pro因尺寸小一些，为了获得平衡，选择加强右边的超广角镜头的视觉重量，这样可使镜头模组整体的边界更明确。

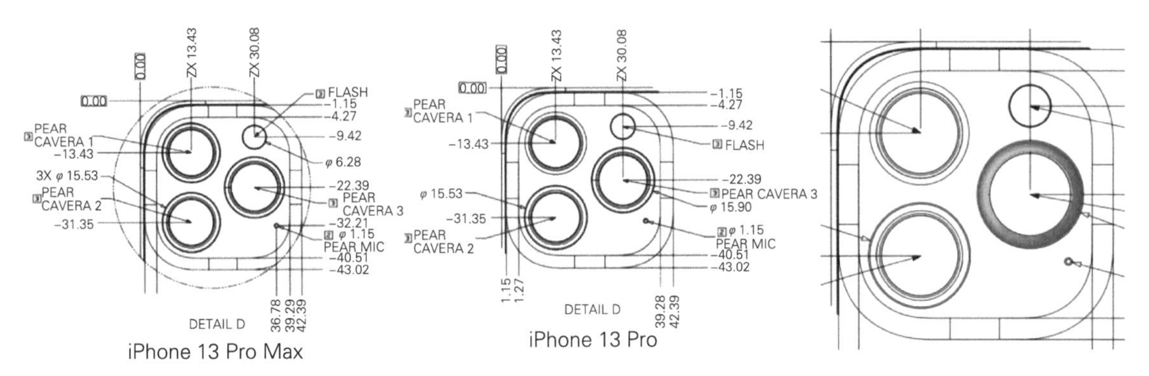

图3-26 iPhone 13 Pro Max与 iPhone 13 Pro的后置镜头

现在很多吸引人的优秀设计，对于初学者而言，往往只看到了简洁，其实在其背后是设计师精心的考量、反复的推敲，以及对细节孜孜不倦的追求。向优秀的设计师们学习，不要将设计仅停留在一个草模的雏形中，而是要尝试细化、深入，以获得理想的产品形态。

本节的细化设计主要涉及产品形态设计中容易被忽略的点元素和线元素，面元素和体元素已在2.2节产品基础形态的变形方法中进行了探讨，此处不再赘述。

3.3.1 产品形态设计的点元素

在产品的形态中，点的意义不再是数学中描述的点的特征，只有位置而没有大小，恰恰相反，电子产品外壳上的各种按钮、汽车车灯，只要它们与整个产品的外形相比面积相对较小，就可以视为点。点的单一形态及它们之间的大小、排列关系是非常重要的造型手段，产品形态中的点元素设计可成为产品画龙点睛之笔。正如康定斯基在《点、线、面》一书中所指出的：对造型的观察是始于最小而不可简约的点元素。点元素则是构成一切基本要素的基础。

点元素在产品形态设计中的运用非常广泛，根据它的不同作用可以分为功能点、肌理点、装饰点和标志性点。

1. 点元素在产品形态中所扮演的角色

角色一：功能点（功能构件）。顾名思义，就是指点元素在产品造型设计中承载某种使用功能。在产品造型设计中主要表现为功能性按键、具有提示功能和警示的灯等，如手机的按键、计算机机箱的开关等。这些点承载了重要的使用功能，在设计中，首先，需要**清晰表达其所携带的信息**，通过点的不同造型，提高功能点的认知准确度。其次，产品形态中的功能性点可能整合（包含）多种功能，在设计中需要对功能进行分层处理，切莫本末倒置[1]。微软UX的工业设计师卢卡斯·库托（Lucas Couto）曾表示，作为一名工业设计师，他需要经常使用物理UI[2]。这些物理UI中的点就是产品形态中的功能点。由卢卡斯·库托所设计的具有不同造型的功能点，不仅能让人们准确地认知这些功能点，还能轻松地识别如何操作（见图3-27a）。

a）　　b）

图3-27　功能点和肌理点示例

a）卢卡斯·库托探索的物理UI　b）咖啡杯与盘的契合关系的肌理点

角色二：肌理点。肌理是由材料表面的组织结构所引起的纹理，这种纹理可以是天然形成的，也可以是通过人为加工而产生的某些表面效果。这里提及的“肌理点”是指表面的纹理效果以点（包括虚点）形成的面（或虚面）的方式呈现，并且在产品的设计中具有一定的功能性，如图3-27b所示的契合关系的功能点。

也就是说，在产品形态设计中，产品的外部有时需要产生不同的质感和具有一定功能的密集的点状元素，在触觉上也产生相似的触感，这里通称为肌理点。肌理点是介于功能性和装饰性两者之间的。凹形/凸形点的肌理点表现为防滑的功能时，主要出现在产品需要使用者用手接触的部位，如手柄或需要抓、拉的区域（见图3-28a和b）。凹形点且镂空的肌理点主要表现为**散热、透音、进气、透光等功能**时，通常布置在与产品的内部功能构件相对应的位置，在外则根据产品形态设计需要（产品大小和形状等）进行局部图案或整体渐变点阵设计，如图3-28c所示的笔记本计算机的透音区，以及图3-29所示的两款产品上的点。有些产品

[1] 具体内容可以参见本书中3.1.2节产品形态与产品语义的内容。

[2] UI是User Interface（用户界面）的简称。UI设计或称界面设计，是指对软件的人机交互、操作逻辑、界面美观的整体设计。UI设计分为实体UI和虚拟UI，互联网常用的UI设计是虚拟UI，这里的“物理UI”则指实体UI。

的形态表面通过点的阵列排布或渐变有序排列，在产品表面形成一定的肌理效果，用于呼应产品局部造型，或用于表现产品的工整感、精密感（见图3-28d）。此外，还可以通过点阵排列，打破产品过于呆板、简单的表面（见图3-29）。

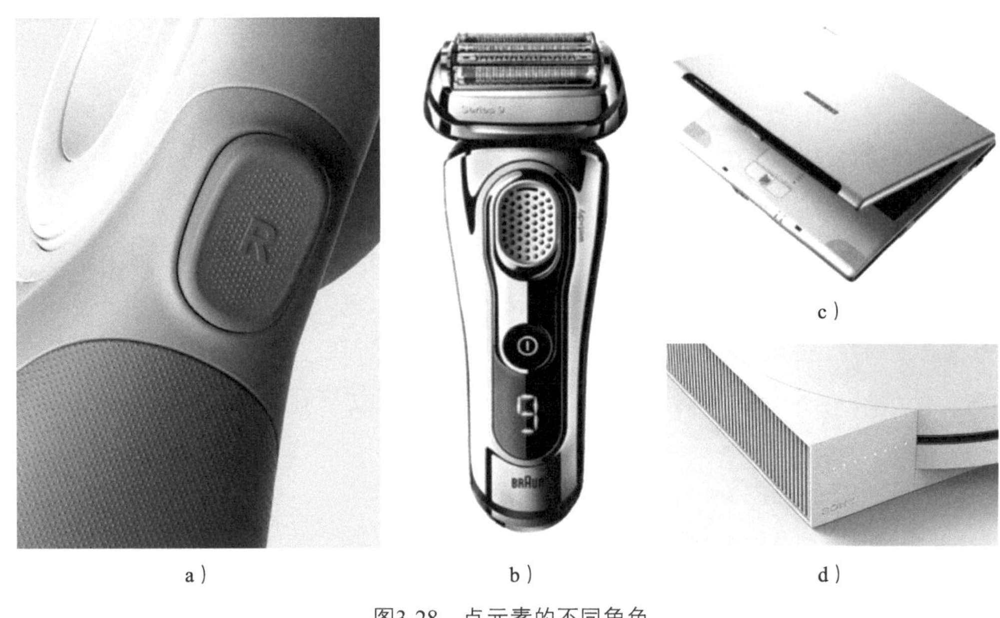

a）　b）　c）　d）

图3-28　点元素的不同角色

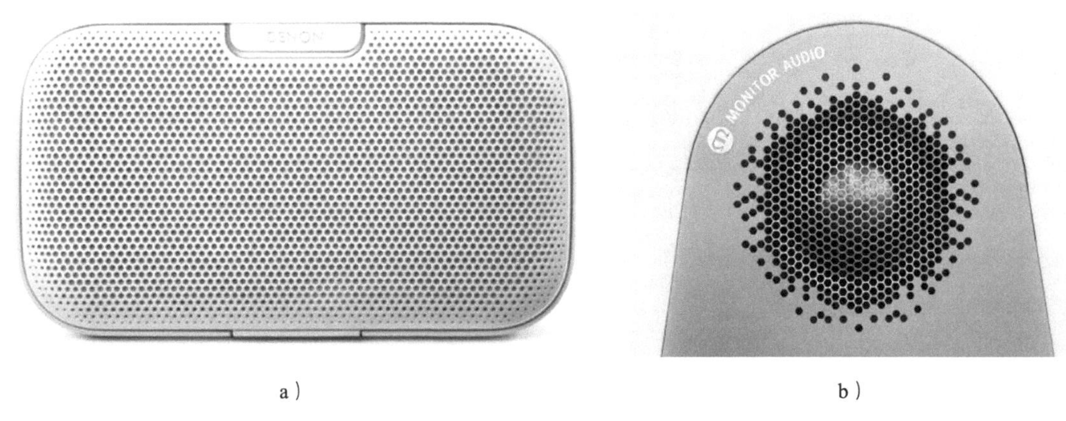

a）　b）

图3-29　两款产品中的点元素示例

a）DENON音箱　b）猛牌音响

产品的肌理美应符合产品的造型风格、功能需求及使用环境。虽然肌理是依附于产品表面的一种材质处理，但因为同一形态选用不同的肌理处理方法，可以使产品的表面效果迥然不同。因此，用有形的、动态的、美的肌理来强化产品的外观形象，可以使产品传递出各种功能的、观念的、关系的信息。并且由于消费者的爱好、兴趣不同，在产品设计中还可以利用肌理创造出多样化和个性化的形态以满足消费者的不同需求。

例如图3-28b所示的德国博朗公司生产的一款剃须刀，其按键设计非常独特精致，按键造型表面通过挤压工艺，使橡胶从抛光的金属面板上的小孔中挤出，形成一粒粒排列有序的球体表面。橡胶的软与金属的硬形成质感的对比，同时增强了摩擦力。齐整的橡胶小圆点在金属中“破土而出”，在光泽中给人以柔和与亲切之感，又显示了其精密性，为严谨的理性设计增加了丰富且含蓄的艺术语言。所以说这种肌理的对比表现绝非单纯从审美形式的角度来刻意安排，而是功能与造型完美融合后的具体体现。

角色三：装饰点。通过点阵排列，打破产品过于呆板、简单的表面，起到装饰美化作用的点称为装饰点。它的使用有助于产品传达设计目的，丰富观者的视觉经验。

角色四：标志性点。标志性点主要表现为产品界面上的品牌标志（Logo）及产品的品名、型号等能增加产品识别性的点状元素。这种标志既有二维的（平面），也有三维的（立体）；这些标志性点，无论是平面的还是立体的，其大小、色彩以及所处界面中的位置都会对产品形态产生很大的影响，所以针对标志性点元素需要设计者进行精心考量，从产品形态的整体角度对其进行针对性设计。例如图3-28c所示的三星笔记本计算机将黑色的品牌标志放在银色机盖上，并在翻盖处配上一块黑色的材质，与之相呼应，从而让整个笔记本计算机盖显得端庄又不呆板。天猫精灵更是将自己的标识与音响的透音孔相结合，以让品牌形象深入人心。

2. 点元素在产品形态设计中应注意的问题

（1）点元素在产品形态界面设计中的图底意识

点元素（特别是功能点与标志性点）在产品形态设计中与产品的形态界面形成图与底的关系。图与底是图像学中最基本的一对范畴。人们一般会把知觉对象中的某一部分选择出来，视为图，而把其余部分当作底或背景。图通常是鲜明、积极、突出的，而作为背景的底则相对模糊、消极，退隐其后，对图形起着衬托的作用。

在图底概念下的功能点，设计要求点为图，即功能点的形态完整，如果同时设置多个功能点，应将这些点组合成整体来设计。防滑性肌理点及产品的散热、透音孔的设置多采用点积聚形成虚面的形式，这些由点/孔所形成的图不宜强调对比，这种弱化对比或渐变处理的点能起到丰富产品形态的效果。例如图3-29a所示的DENON音箱，其正面的透音孔就使用了渐变方式隐藏在产品形态中。

在设计中既要运用图底理论，以底衬托“图”，突出功能点元素醒目的使用功能，也要考虑图底的共生共形理论和辩证关系。如果过度强调“图”而不考虑“图”的完整性和统一性，会导致图底关系转变，形成混乱的界面关系。例如图3-29b所示的猛牌音响，其六边形透音区外“散落”的孔点可让产品立面变得更生动、和谐。

（2）统一的整体形态语言

成语“画龙点睛”形容在关键处加上精辟的表述，使内容表达更加深刻、生动。点元素在产品形态中处理得好，可以为产品形态带来意想不到的美感。但是再小的点也需要适配产品形态的整体，因此在设计中使用点形态，应注意其形态简洁、组合的有序性及统一的整体形态语言。例如在装饰点的使用上，使用形态统一的点进行单纯的重复、渐变和韵律排列可以使产品呈现简洁、典雅、精致、严谨和统一的整体形态。

（3）信息余度

产品上的按键和旋钮等功能点往往蕴含重要的信息。在功能点的设计中，通过其造型提供必要的信息和多角度表达信息是非常重要的，以免在有干扰时无法辨认而出现错误。在对功能点的造型进行设计时，需要实现按钮操作方式（按压、旋转还是触推）的准确认知。例如图3-30所示的电源按键的大小和“ON / OFF”文字表达开 / 关，按键上的指示灯也能够及时反馈信息；位于其上方的旋钮外部也用指示灯和MIN与MAX来提示信息（触摸屏因为平面化的处理方式，其设计方法一般是增加操作的步骤，以提示使用者）。

图3-30　功能点-按键和旋钮

3.3.2　产品形态设计的线元素

线是点移动的轨迹，具有很强的艺术表现力，在产品造型中具有非常重要的意义。根据线元素与产品形态设计的关系，产品形态上的线可分为轮廓线、交线、分割线和装饰线等。不同的线能表达不同的情感，因此线元素对产品形态的情感表达具有重大的影响。线是产品造型的有力手段，诸如产品的外形轮廓线、面与面之间的交线，以及面上的分割线都是明确的造型语言。它们具有不同的性格特征和情感意蕴，如直线简洁明快，曲线优雅柔和，垂线挺拔有力，水平线沉稳安定等。它们是形成产品整体感与独特个性的灵魂。例如图3-31所示的厨房用具，它就是由深泽直人直接利用黑色铁丝这种线元素制造而成的，非常素雅简洁，可以让厨房看上去更显清爽。

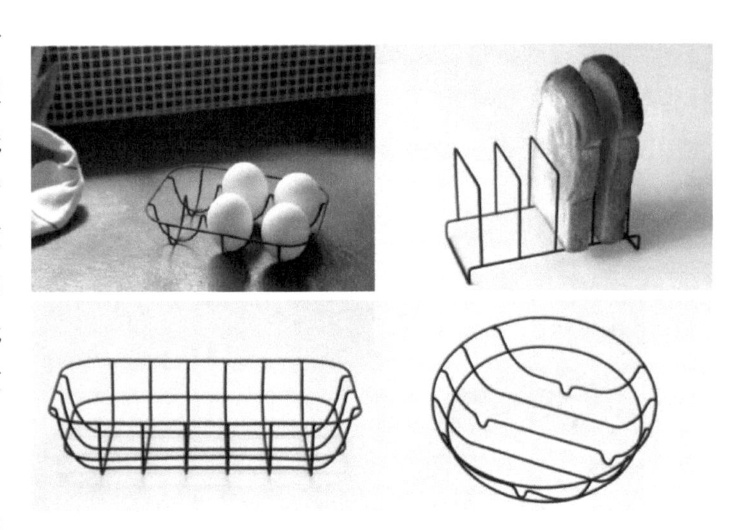
图3-31　厨房用具（深泽直人）

1. 线在产品形态中所扮演的角色

角色一：轮廓线。物体的轮廓线用于确定形体。开放的线称为线条，闭合的线称为轮廓。处于同一平面内的闭合线条所构成的轮廓就是形。线条是形的载体，通过线条的改变就可以改变形的基本面貌。当有三个维度的轮廓线就可看成体。产品的轮廓线是产品形态的基本面貌。

角色二：连接面与面的交线。形体上的面与面相交或面转折时所呈现的线称为交线。交线因与形体面上的不同角度相交而出现两种情况：阳线和阴线，它们与雕刻造型中的阴线和阳线的概念相似。阴线就是凹入形体的交线，阳线就是凸现于形体表面、隆起的线，如果两个面成一定夹角相交，此时隆起的阳线就是几何学中的棱线。该棱线属于轮廓线中的一种。

角色三：分割面的分割线。分割线，顾名思义就是把东西分割开的线。在产品形态设计中，对产品的面进行分割的线就是分割线。通过分割线对产品面的处理可以起到分区（如设置功能区）和装饰的作用（详见2.2.1节分割法及图2-26）。

例如在产品形态设计中，将产品的功能键安排在一个区域里，并用分割线（或加上不同色彩）将这个区域勾勒出来（形成一个面中面），这样不仅可以强调功能操作区，有利于用户识别，也可以利用这一分割线的不同特征赋予产品面不同的情感。而在产品形态设计中，大而平整/呆板的面是不容易吸引人们视线的，由于显得空洞乏味，会被当成背景。用线元素来分割大的块面，可以使形态表面产生节奏变化，从而使形态的面变得生动，这也是分割线的装饰功能。这种分割的线元素虽然不会改变面的起伏，但是可以（或与色彩一起）塑造新的面感和体感。例如空调柜机和冰箱常用这种方式处理大的块面。如图3-32a所示，在电吹风的设计中，分割线对风筒与风嘴进行了分区，同时精致的金属分割线对造型起到了很好的装饰作用。当线元素分割产品的表面形成一定的组合排列方式时，既可表现产品的外观结构特征，又能表现产品的个性。图3-32b所示是德龙电暖器，设计师利用线分割出一个腕表形状的操控显示区，不仅丰富了产品的立面 ，也突出了产品的操控功能区。例如图3-32c所示的限量版ELLE女士手机，就是通过线条将菱形的显示屏和点状摄像头有机地组合成一个整体，使产品显得新颖时尚。

a） b） c）

图3-32 分割线的使用示例

a）来自品石设计的电吹风 b）德龙电暖器 c）限量版ELLE女士手机

角色四：装饰性线元素。装饰性线元素在产品形态设计中具有修饰、美化、协调的作用。线元素渐变排列直接形成的产品，其产品具有很强的韵律美感；线元素作为产品的功能构件或装饰件可以打破产品表面的呆板感，形成趣味节奏的变化，如图3-33所示。图中的线元素作为块面的协调者，通常以对齐、延伸等方式来协调整个大面。线元素作为不同功能区域的分割元素，负责界定不同的块面。部分产品表面的装饰线在装饰产品形体的同时还具有一定的功能，如凸形线设计在手柄位置有防滑的功能；而镂空处理的凹形线则有散热、透音的功能。与具有同样功能的点元素相比，线元素能产生更强的工业规整感。

图3-33　不同的装饰功能线

2. 线元素在产品形态设计中应注意的问题

（1）线元素主导产品的“态”

图3-34　四款功能相同的咖啡壶的设计

（参照设计符号学绘制）

在产品形态设计中，若产品采用的基本形体、线型和处理手法不同，则会形成不同的风格和情态。从造型学来讲，形式美感的产生直接来源于构成形态的基本要素，即点、线、面所产生的生理和心理的反映，以及对点、线、面形式所蕴含的理解。在点、线、面的形态要素中，线是最活跃和最富情感的要素。吴冠中先生曾提出：“线条折高折远有势，黑白或疏或密有情”。线作为平面设计的基本元素存在于构筑空间的体块、表面、平面之中，决定了空间的基本情感特征和面貌。线元素在产品形态的情感表现上有其独有的特点与优势，不仅能影响体的“态”，也是影响人们情感的重要因素。图3-34所示为四款功能相同的咖啡壶的设计，它们都是由一定容积的壶体构成的，有壶嘴、壶盖和把手，使用方式也完全相同，但是它们的形式特性即审美情趣判然有别。A款使用的线元素使得咖啡壶呈现柔和而几何化的形式特性；B款采用自然界中贝壳上的线元素特征，使咖啡壶显现宁静而富有传统手工感的特征；C款造型选用的基本型是曲线体，其上的三条波浪形纹饰曲线犹如轻柔的海浪，外轮廓线和造型表面的曲线完美结合，形成虚实结合的视觉运动感，使人感受到大自然的气息；D款壶体上流畅飘逸的叠加线让人联想到飘逸的丝绸感，刚劲有力且纤细的把手与壶身干净利落的线元素相结合，犹如轻盈脱俗的模特穿着洁白的丝绸迎风而来。

（2）产品形态中线元素的完形原则

完形原则是产品形态设计的基本原则。在人的视知觉中，图形和背景通常是由轮廓线区分开的，并把轮廓线看成是图形的一部分。要想产生完形（良好的形态）效果，使产品形态中的线（轮廓线、装饰线等）保持相似和相同显得非常重要，只有这样才有助于人们把它们作为一个整体来感知。比如一台大型的机床设备，其机床、底座、控制台等若采用圆弧形式或直线形式，则应保持一致，否则很难将它们视为一个整体。

（3）重视消极线元素的表达形式

线有积极和消极两种意义。所谓积极的线是指独立存在的线，而消极的线是指存在于平面边缘或立体棱边/线。产品形态设计最初的草案是使用线条构思，此时的消极的线元素表现为轮廓线，是一种感觉不到线的宽度和弧度等的视觉元素。只有在进行三维造型时，线的宽度和弧度等问题才会显现出来，如何将二维中的线元素转化为空间中的线元素，保持并提升草案中的产品形态特质，线元素这一视觉化的过程显得非常重要。因为消极的线宽度越窄（*R*角越小），形态越显得明确、刚硬、理智；而消极的线宽度越宽（*R*角越大），形态越显得优雅、圆滑、柔软、抒情。正如现在的手机设计，手机的形态由最初手提电话的小屏幕下方设置有很多按键到触控屏幕加全键盘（下滑或侧滑出），再到当前全触控大屏，也在逐渐简化和高度概括。手机造型已经是围绕大屏而展开的一个扁平的长方体造型设计。如何从中体现出个性，消极线的表达显得非常重要。简约不等于简单，它是高度精炼，即在最小的细节设计中充分体现产品的高品质。如图3-35所示，从iPhone3到iPhone4的转变，iPhone5到

图3-35　iPhone系列手机侧面的棱边变化

注：图中从左到右依次是iPhone、iPhone 3GS、iPhone 4、iPhone 5、iPhone5s、iPhone 6、iPhone 7、iPhone 7plus、iPhone X、iPhone 8plus、iPhone XS、iPhone 11、iPhone 11Pro、iPhone XR、iPhone 12mini、iPhone 13 iPhone6，以及iPhone11到iPhone12、iPhone13的变化，这些侧面造型变化主要在手机棱边的线上面，即消极线元素的变化。立体棱边的线——消极线的变化。它们都为直板手机，机身尺寸非常相近，正面轮廓线（机身正面线条和圆弧的R角过渡）也极为相似，侧面窄的棱边处理的不同使其形态性格各异。iPhone3圆滑的弧线使其侧面棱边融入后盖，与后盖形成一个圆滑的整体；iPhone7到iPhone11将立面处理为圆弧线连接平整的正面和背面；而iPhone4、iPhone12、iPhone13机身的后盖与侧面金属边框泾渭分明，从而形成鲜明的个性。

3.4 实例详解——便携露营灯设计

便携露营灯设计是一个小产品的设计课题，任务要求是针对特定的人群设计一款便携露营灯。

阶段一：分析设计任务，提出问题，进行相关调研，明确设计目标

在开始着手设计之前，需要弄清楚一系列问题，包括：它是什么，有什么功能，给谁使用，怎么使用，以及在什么场景下使用等。要弄清楚这些问题，就必须进行调研，如设计对象、使用对象、使用环境等方面的调研。通过调研发现问题并分析问题，最后获得解决问题的思路和方法以指导设计。这部分就是开始设计前需要进行的相关调研工作。

通过调研，设计者可以**发现问题和一些具体的产品需求，进而确定消费人群：**越来越多的人热衷参与各种露营活动。但是户外产品大多是为专业人士设计的，虽然功能性强，但造型单一、价格高。户外露营灯具市场的装备更是如此，针对休闲用途的，造型具有独特特色的露营灯市场几乎是空白的。随着家庭露营活动比例的不断提升，对于儿童来说，露营也能成为自己的主场，不光是家长在准备自己的装备，儿童也想拥有属于自己的一款小露营灯，在满足照明需求的同时，兼有趣味性。

阶段二：根据设计目标和定位，开始产品形态创意（功能定位和造型定位）

设计者通过调研，针对产品的消费人群进行了确定，并对产品进行了功能定位和造型定位。设计者选择针对儿童及其家庭的用户群体，针对他们的需求设计一款露营灯。这款露营灯应该更具特色，不仅功能上能满足儿童对露营照明的需求，以及方便携带，还应让露营成为一种时尚有趣的标签。因此，其造型风格需要偏向满足儿童及家庭成员的审美需求：趣味、仿生型、可爱的风格、线条较柔和等。

在设计目标清晰后，通过大量的草图、效果图及模型，使设想的形态方案更具体化、直观化，从而表达出明晰的设计方向（见图3-36）。

通过产品的功能分析，运用产品语义进行产品形态创意：在设计过程中，设计者根据功能定位将功能细化，并对灯具整体的结构进行确定。灯具包括两个部件：便于携带的手电和底座。手电的灯光可以一键切换聚光和柔光两种模式，既可作为手电筒使用，又可切换为柔光模式。作为夜灯使用，考虑到儿童的眼睛不能受到过强的光线照射，在聚光模式下，灯光的直射范围较小；手持部分的灯头可以转动，以提供多角度的光线。底座作为无线充电底座，当手电和底座两者相接触时，可以给手持部分的灯具充电，具有自动断电功能；底座还可以作为充电宝，能够提供一定的充电应急功能，同时自带光源，可以作为氛围灯使用（见图3-37）。

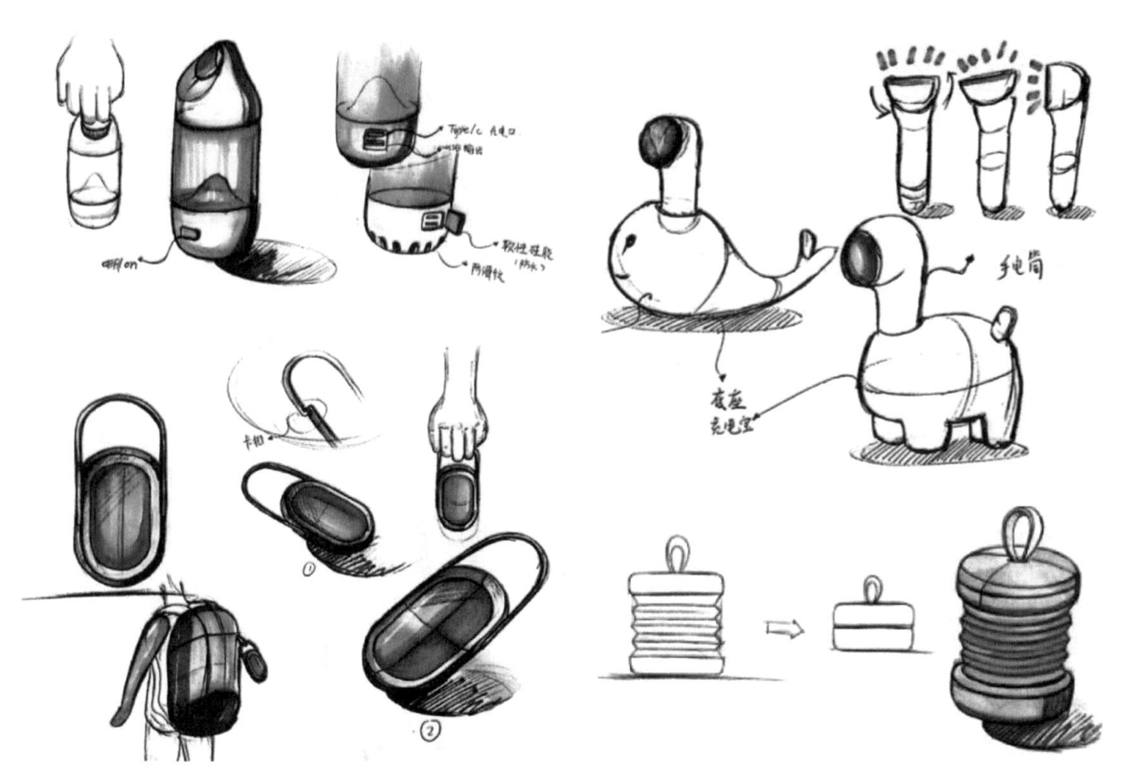

图3-36　草案创意（作者：叶文诗）

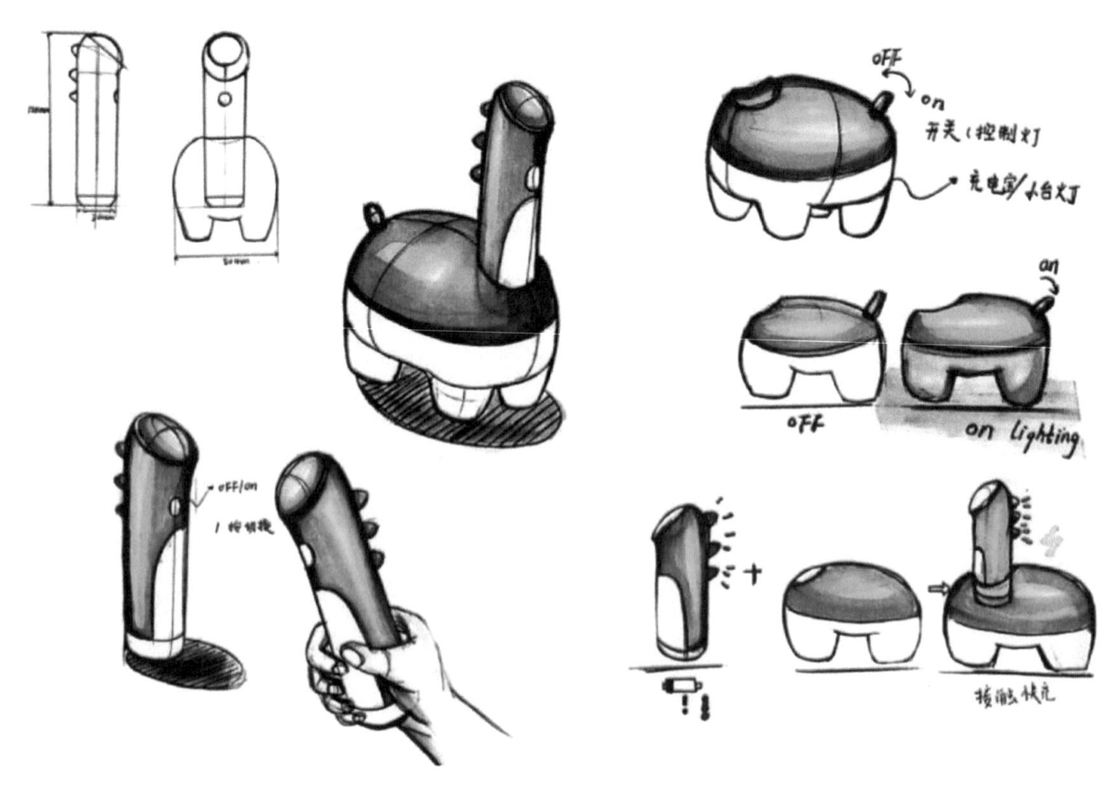

图3-37　方案深化：针对产品功能和语义进行产品形态深化

阶段三：深化设计（产品形态细化和优化）

通过对产品功能识别的认知、象征意义的认知和操作方式的认知，优化、细化产品形态，使方案更具体化、直观化。

根据手持部分的优化建议，对灯面的弧度进行了调整——带有一定的弧度，更能贴近整体的造型，如图3-38所示。细化灯罩衔接部分：增加软性的硅胶圈，可以防摔并增加摩擦力。在最终方案中，手持灯筒的灯光模式分为手电筒模式和柔光模式，通过按钮调节灯光的强度。

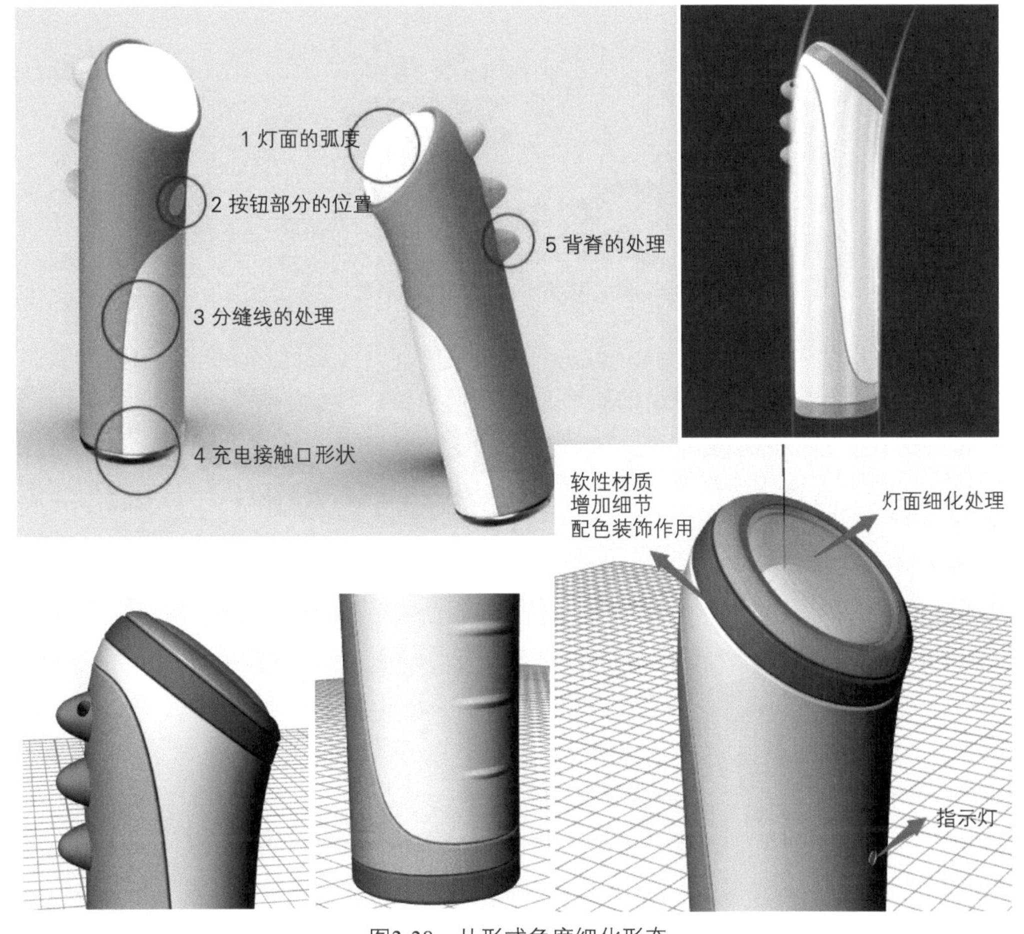

图3-38　从形式角度细化形态

手电筒部分的造型源自小恐龙的头部及颈部，颈部的线条是稍微带有弧度的，配合人手握的姿势，上大下小，可使手握部分更自然舒适。小恐龙的背脊为软性硅胶材质，软性硅胶挂绳作为配件，与背脊孔洞相配合，以便在外出露营时佩戴、手提、随身携带，做到随时随地都可以使用，从而增加了使用范围。

手电防滑、防摔细化设计：底部增加了软性硅胶材质的防摔圈，增加手握的舒适性，通过配色处理使其更具细节。颈部仿生纹凸起的细节，可以增加手握摩擦力。

手电筒底部充电孔细化设计：充电口与底座相互配合，接触即可充电。在户外露营时，可不带底座，通过Type-C充电线也能进行快充，使用更灵活。

底部细化设计：隐藏挂钩能够满足悬挂和携带的需求，可以在帐篷内悬挂，并且不影响整体造型。

底座细化设计：底座不仅是充电底座，内置的氛围灯通过轻拍即可打开底座内光源，在家或帐篷内都可作为小夜灯使用，增加了产品的使用范围（见图3-39）。

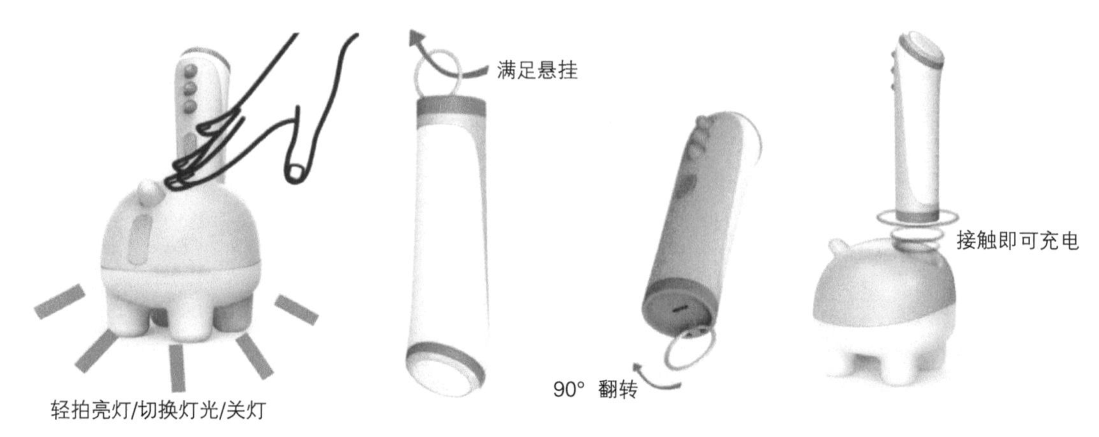

图3-39 根据使用方式优化形态

阶段四：设计决定与验证

设计决定是对上述过程中得出的解决方案进行审核、评价，然后做出设计决定，主要是进一步探讨产品形态的功能是否适合、产品的造型是否具有形式美感、使用体验是否舒适、材料选取是否合适、市场销售是否具有吸引力等。进入该阶段，产品形态的功能和形式将更加具体化，需要制作精细的模型，有条件的需进行模拟实验，形成最终的表现（见图3-40）。

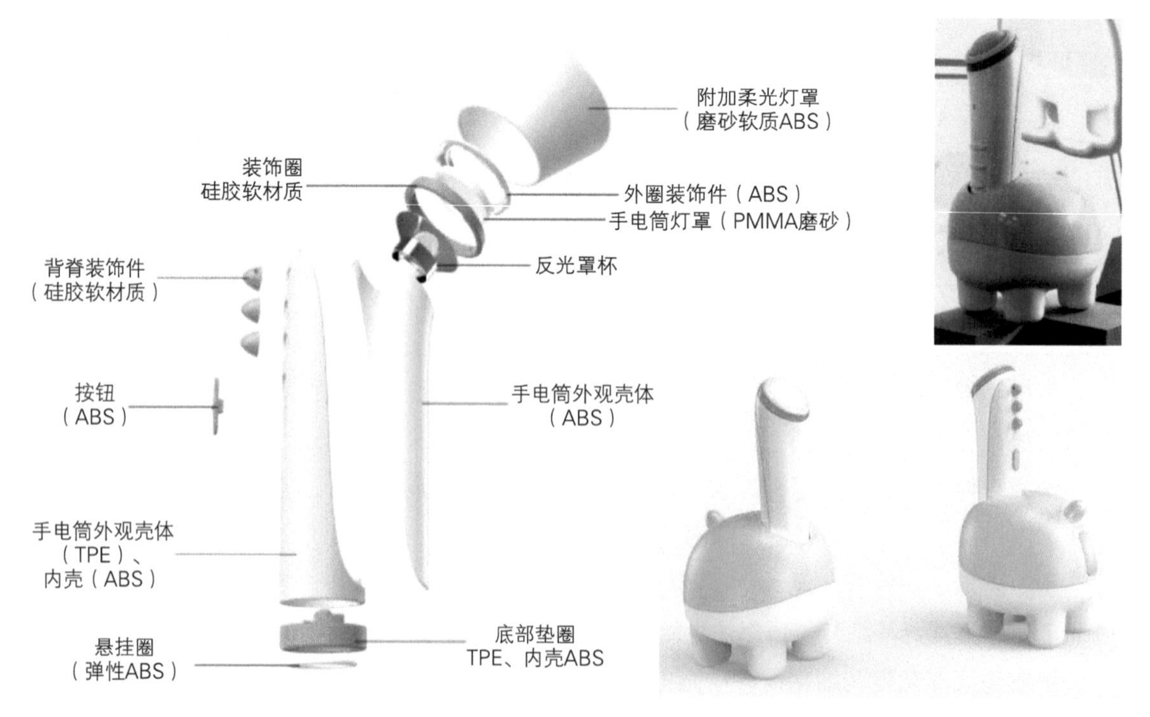

图3-40 设计确定、模型验证（设计：叶文诗；指导：贺莲花）

注：图中ABS、TPE和PMMA都是产品里常使用的材料。ABS是ABS塑料，又称工程塑料，是一种高强度塑料。TPE又称人造橡胶，合成橡胶，常温下有弹性。PMMA又称作亚克力或有机玻璃，此处是透明的有机玻璃。

本章训练

1. 课题训练——产品基本功能与产品形态设计

课题名称：产品功能模块与产品形态设计

训练目的：复习造型方法和变形方法练习，理解产品形态与功能关系；学习运用功能模块组合进行产品形态设计；提升快速表达能力。

内容要求：①选择一款产品（削笔器、电动脚踏车、电吹风设计、咖啡机、打印机等），先分析该产品有哪些功能模块，总结后画出其功能模块。

②合理地对其功能模块进行重新组合，（不同功能模块的大小、方位、位置进行变化）形成新的造型。要求3个以上组合方式。

③在新组合的功能模块的基础上进行产品形态的设计。

提交要求：画在A3纸上。

评价依据：①产品功能模块组合合理，产品基础形态与功能模块关系呼应清晰准确。

②产品形态关系协调，并考虑使用关系的合理性。

③快速表达准确。

练习时长：2学时。

2. 课题训练——产品使用功能与产品形态设计

课题名称：产品使用功能与产品形态设计

训练目的：复习造型方法和变形方法练习、理解产品形态与功能关系；熟悉使用功能对产品形态设计的影响；提升快速表达能力。

内容要求：①设计一款容器类产品（汽车机油瓶、洗衣液瓶、家用消毒液瓶等）。

②分析其容积、存储等特点，确定其容器基本形态。

③分析该类容器产品的使用方式，进行相应的造型设计，并画出手在使用产品时候的状态。

提交要求：画在A3纸上。

练习时长：2学时。

3. 课题训练——产品形态的形式法则运用

课题名称：产品形态的比例训练

训练目的：复习造型方法和变形方法练习；认识产品形态的形式美原则；提升快速表达能力。

内容要求：①设计一款厨房用品，进行比例调整练习。

②要求对产品的长宽高的比例，分缝线位置的设置，特征块面的分割比例进行多图尝试训练。

提交要求：画在A3纸上。

评价依据：①产品基本形态与功能关系清晰，形态功能协调。

②产品形式具有美感，比例调整尝试丰富。

③画面饱满、快速表达准确。

练习时长：1学时。

4. 课题设计——产品形态的形式法则运用

课题名称：系列调味品设计

训练目的：综合运用产品的形式法则（参见“3.2产品形式美的造型法则”的四步法）进行产品形态设计；提升手绘表达能力。

内容要求：分析厨房或餐桌上的调味品容器，运用四步法进行3款调味瓶的设计。

提交要求：画在1张A3纸上。

评价依据：①设计思路呈现清晰，有推敲步骤图。

②产品形式具有美感：比例恰当、有特征且整体关系协调。

③手绘表达准确。

练习时长：2学时。

5. 课题设计——综合运用

课题名称：手持类电动工具设计

训练目的：复习本章所学内容，参照3.4实例详解，综合运用产品功能、产品语义、产品形式法则等进行设计，提升综合的设计能力。

内容要求：①设计一款手持类电动工具，要求5个以及产品设计草图。

②分析他们的功能与形态关系，产品的外观造型符合内部功能模块的逻辑性。

③理清功能模块，画出使用方式图，要求符合人机使用的舒适性。

提交要求：画在2~4张A3纸上。

评价依据：①产品基本形态与功能关系清晰。

②形态功能协调，人机关系和使用方式合理。

③快速表达准确。

练习时长：约4学时。

产品形态的“限制”因素

一个形态的视觉印象由造型特征、色彩、材料及其质感3方面共同作用形成。一个产品形态的视觉印象同样也离不开材料、质感及色彩等相关因素。产品形态的最终呈现是离不开材料的，其质感和加工工艺会限制产品形态设计，但是材料的表面质感和色彩等因素也会丰富产品形态的视觉、触觉等感受。

虽然产品的材料及其工艺的限制因素可能会导致所设计的产品形态**最终不能成型**或者**不能批量生产**，或者**影响批量生产速度、质量、成本**等，但恰当地运用材料和材质质感，以及工艺技术、色彩也能给产品创意添加翅膀。佐藤大曾经将中国传统的竹工艺编织方式运用于金属家具的设计中，设计出一款独具特色的金属家具bamboo-steel table。而他在翻新秋田木工的椅子设计时，保留了秋田木工的风格，削减了部分多余的部件，节约了成本，添加的色彩赋予产品一种新的意蕴，使其焕然一新。佐藤大还与三宅一生合作，通过利用一次性褶皱纸制成“cabbage chair”，就是一款挖掘材料特性将最终产品形态完全交给用户，让用户自己决定座椅的舒适形态（见图4-1）。

a） b） c）

图4-1 佐藤大设计产品示例

a）bamboo-steel table b）秋田家具 c）cabbage chair

由上述产品示例可以看出，设计师了解产品形态常用的材料，以及材料具有哪些性能都是非常重要的。这样不仅能够帮助设计师知晓不同材料的成型工艺对形态设计的限制，还可以利用材料本身（可以加工得到）的质感和表面的肌理、色彩等影响人们对产品整体的感受。

4.1 产品形态与产品材料及质感

在产品形态设计中，合理地选择应用材料作为形态的载体是形态创造的基础。材料与产品形态有着密不可分的关系，不同的材料造就不同的形态，反之，设计师构想出不同的形态也需要依托不同的材料作为载体来形成。材料是产品的物质基础，有观点认为设计的历史就是一部材料的发展史，这从一定程度上说明了设计与材料的关系密切。

在产品设计、生产的各个阶段，**产品的功能结构，特别是产品的外形受到不同种类的材**

料及其加工工艺的制约与影响是非常大的，如常见的熨斗。在工业革命时期，熨斗是由铸铁加工成型的，一体成型的形态满足了基本功能要求，但非常笨重，也不便于使用。现代熨斗则采用隔热性好、不导电、重量轻、容易塑形的塑料作为主材，其形态塑型外观精美、线形流畅、轻盈适用（见图4-2），这些都是早期铸铁材料无法达到的整体效果。**产品的形态因为材料的改变而发生如此大的变化，**由此可见，进行造物创新需要设计师对新材料的理解认识。只有充分认识材料，合理利用材料，了解材料加工技术、成型工艺，对材料形式语言有深入的认知，才能娴熟地在产品形态设计中运用材料价值。

图4-2　形态因材料改变而发生变化的熨斗

此外，**材料的成型工艺也影响产品形态设计。为了能顺利制造出产品，在设计过程中必须考虑材料的成型工艺，并根据工艺条件合理地进行产品形态设计。**有些产品形态虽然最终可以生产制造，但是因其选取的材料和成型工艺会导致批量生产的成本提高、效益降低，也会直接导致产品的成本过高，进而影响消费者的购买意图。

材料的分类有很多，而运用于产品设计的常见材料主要有金属、塑料、木材、陶瓷、玻璃和皮革织物等。

4.1.1　金属类材料

金属材料是金属及其合金的总称，指具有光泽、延展性、容易导电、传热等性质的材料。金属材料质地坚硬，有良好的光泽和延展性、独特的肌理和质感。有些**金属因具有良好的延展性，几乎可以完美呈现产品设计的任意造型**；金属坚硬的质地可以很好地包裹保护产品的内核和支撑产品结构；有些金属独有的自然材质、肌理运用于产品的表面可以获得产品鲜明的视觉效果和独有的触感。运用于产品设计的金属材料主要有不锈钢、铝合金、铸铁、金、银、铜等金属及合金材料。

图4-3　以不锈钢为材料的便当盒

图4-3所示为丹麦设计品牌 HAY 推出的不锈钢便当盒，其线条干净流畅，同时选用食品级的不锈钢材质，可以保证食用的安全性。简约的钢制外壳传递了一种复古、朴实的感觉。分层的餐盒大小不同，适合放置各种食品。

1. 金属材料在产品中的塑形特点

金属作为产品材料中最重要的材料之一，在产品中使用最多的是铝合金和不锈钢。

铝合金在塑形时主要使用铸造成型、延展成型和CNC[⊖]成型3种方式。采用铸造成型方式，可使塑形后的产品刚性高、不易变形，并有很强的抗冲击力能力，支撑力学性能较好，因此在产品设计中多应用于结构件，如用于自行车架（见图4-4c）、汽车轮毂。延展成型是使用材料的延展性能，利用冲压工艺塑造转折处圆润、壳体轻薄的形态，这种方法塑造的形态相对易变形。延展成型多用于消费电子产品的外壳，如笔记本计算机外壳、手机外壳、平板外框、相机骨架、智能穿戴设备外壳等。图4-4a所示的苹果iPod系列产品的外壳形态就使用了延展成型的方式。使用CNC加工方式的主要为高硬度铝合金，其刚性好、外观不易变形，但加工困难、成本高，主要应用在精密要求高、塑形复杂的产品。如图4-4b所示的陀螺，需要确保极佳的同心度和稳定性，误差小于0.01mm，这种使用CNC加工最为合适。

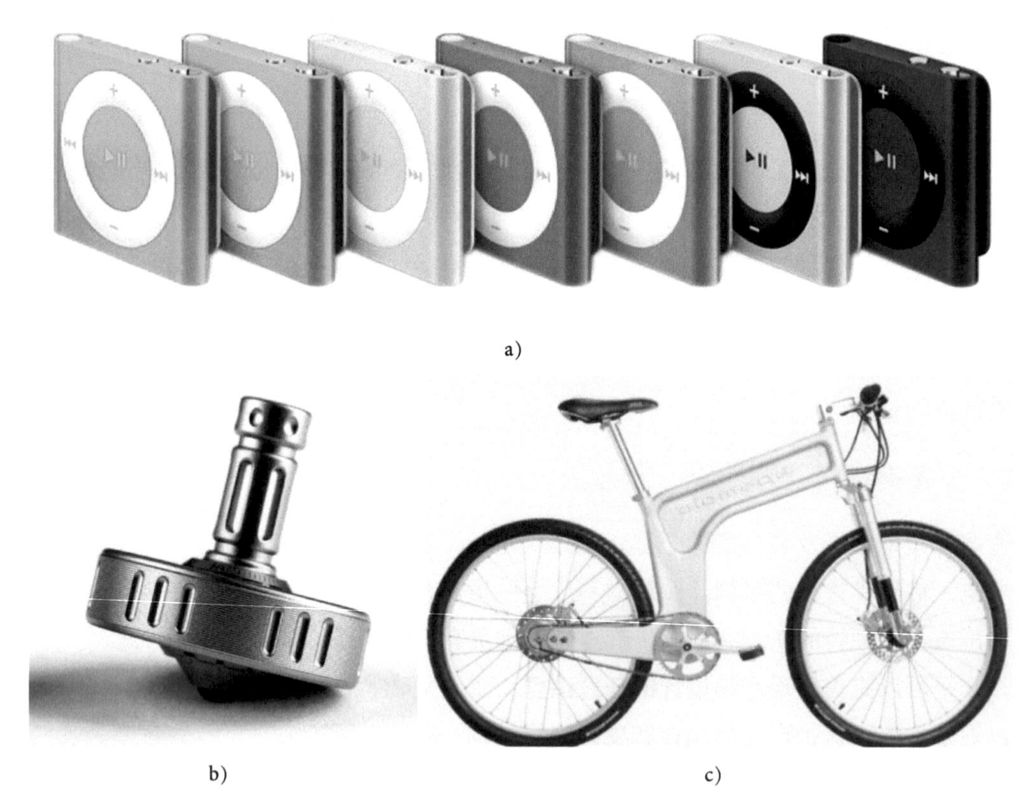

a)

b) c)

图4-4 以铝合金为材料的产品形态

2. 金属材质在产品形态中的表面处理

金属材料作为产品形态载体的常用材料，以华美的外观、硬朗的线条、迷离的光泽在设计界备受关注。金属材质这种独特的色彩、肌理、质地和光泽特征离不开金属本身的特性和后期的加工。在产品设计中，金属材料可以通过表面处理工艺让产品形态更具表现力，其工

⊖ CNC，即Computerized Numerical Control，俗称数控，是一种将CAD数据直接导入工作台的技术。CNC工艺全程由铣床和刳刨机完成，特点是快速、精确和高品质。

艺主要分为4类：纹理成型、表面精加工、表面层改质、表面被覆。

纹理成型和表面精加工通过对金属进行机械加工或使用化学方法，使金属表面的肌理发生改变，或使其具有凹凸花纹，或使金属表面平滑、光亮。例如图4-5a所示的日默瓦品牌的铝镁合金行李箱，就是利用冲压的方式在金属面材上形成纹理，不仅加强了箱面的坚固程度，还增加了条形花纹，丰富了箱面形态。抛光、拉丝、蚀刻、晒纹等就是常见的金属产品形态的表面精加工处理方式，如图4-5b和4-5c所示的华为手机的机壳，分别采用了拉丝处理和磨砂处理的方式。

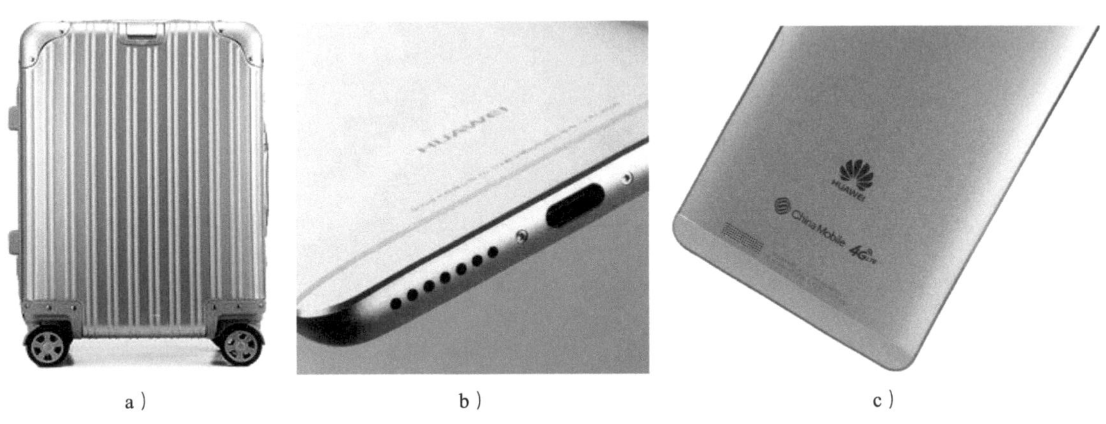

a）　　b）　　c）

图4-5　纹理成型表面精加工的产品示例

a）日默瓦的行李箱　b）华为手机（拉丝处理）　c）华为手机（磨砂处理）

表面层改质是指利用化学方法改变金属表面的色彩、肌理及硬度，提高金属表面的耐蚀性、耐磨性及着色性能等，如图4-4a所示的苹果iPod系列产品的表面效果。**表面被覆**通过改变金属表面的物理化学性质，赋予材料新的表面肌理、色彩和辉度等，常见的方式有镀层覆盖和涂层覆盖。例如水龙头卫生间系列的镀铬就采用了镀层覆盖的方式，而汽车车身的喷漆为涂层覆盖方式。

总而言之，金属材料成型的加工工艺要求高，流程相对复杂，金属本身的成本比较高，最终导致产品的成本高。此外，用金属材料成型的产品形态在具有坚硬外壳的同时，其表面的质感也可以做得非常细腻或光洁，并自带金属冰冷的触感，需要考虑是否与产品的使用功能和情感需求一致，因而在设计时选择金属材料是需要经过仔细考量的。

4.1.2　塑料类材料

塑料是非常普遍的有机合成高分子材料，可塑性极强。塑料有很多优势，如质量小且坚固，化学性能稳定且不会锈蚀，容易塑形还具有光泽，有较好的透明性和着色性，制造成本低，加工成本也低，这些都让它成为备受设计师青睐的材料。如图4-6所示，菲利普·斯塔克设计的Louis Ghost座椅是一把呈现路易十五风格的座椅，采用的是透明PC塑料材料。透明的材质让这把座椅看上去只有一个淡漠的座椅轮廓，如同灵魂一般，整体给人一种通透飘忽的视觉感受，但在座椅边缘又有明显而有力的轮廓线条，既勾勒出具有强烈巴洛克风格的座椅轮廓，又表现出透明聚碳酸酯塑料纯粹、现代的材料质感。

使用塑料材料塑形，可以让形态具有适当的弹性和柔性，具有非常舒适的质感，带给人柔和、亲切、安全的触觉感受。其表面可以塑造出多种纹理，并着色，还可通过电镀或喷金属漆来获得光亮的金属表面，可烫印，印刷效果也很出色，甚至超出纸张效果。

图4-6　使用透明聚碳酸酯塑料成型的Louis Ghost座椅

1. 塑料材料在产品中的塑形特点

塑料材料在产品成型过程中主要使用的工艺有注塑成型、吹塑成型、吸塑成型、压制成型、铸造成型和发泡成型等。虽然成型工艺不复杂，成本也不高，但是因为塑料材料的特殊性，热加工时会影响到成型的成功或形态的完整，因而在产品形态设计过程中，必须考虑与其相关的问题。

1）在进行产品形态设计时，塑料材料的产品容易变形，为防止变形，需要在造型上增加强度和刚度。例如在设计时，在受力部件（如椅子的把手或椅子、桌子的腿等塑料件）、转折部位添加**加强筋**[⊖]。需要注意的是，不能单纯增加壁厚来解决变形。加强筋直接暴露在外容易影响产品形态，巧妙的设计必不可少。例如图4-7所示的椅子，其设计就使用了塑料为材质，设计师将加强筋作为椅子的造型元素进行了设计，不仅增加了椅子坐面和靠背的强度，椅子的形态也显得别致。尤其是右图中的加强筋，被设计成向上生长的植物茎秆和藤蔓，显得生机勃勃，与椅子的使用人群——儿童产生非常好的联想。

图4-7　以塑料为材质的椅子造型的加强筋设计

⊖ 加强筋：在结构设计过程中，可能出现结构体悬出面过大或跨度过大的情况，在这种情况下，由于结构件本身的连接面所能承受的负荷有限，于是在两结合体的公共垂直面上增加一块加强板，俗称加强筋，以增加结合面的强度。

2）产品形态的转折处需要设计成**圆角作为过渡**，可使注塑时的塑料熔液流速变快，同时避免冷却时因内应力集中而产生裂开的现象。

3）在产品形态设计中使用塑料材料，其**造型还须考虑脱模角度**。如果设计的造型模块脱模困难或者不能脱模，就需要增加滑块机构助其脱出。这样不仅会增加模具费用，还会在其表面留下划痕，影响美观（见图4-8）。

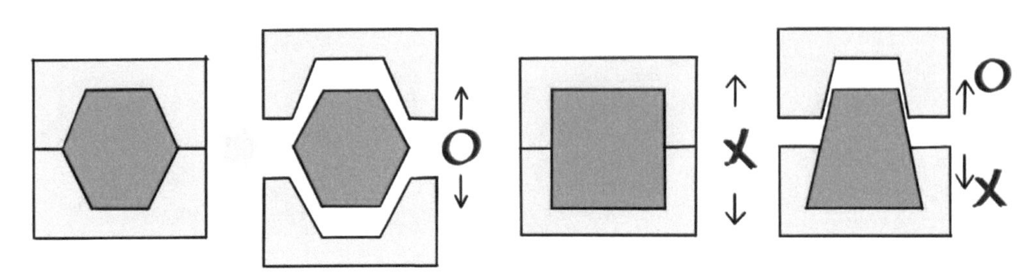

图4-8　造型中需要考虑的脱模角度

4）**凹凸纹、手柄、旋钮、盖一类塑件的设计应注意纹路与脱模方向一致**，同时注意合理的纹理尺寸。

5）**在产品形态设计中合理利用分模线塑形是非常重要的**。结合产品形态的外观比例关系和结构关系，确定分模线[⊖]，使其与产品的接缝线、装饰线形成一个整体（见图4-9）。

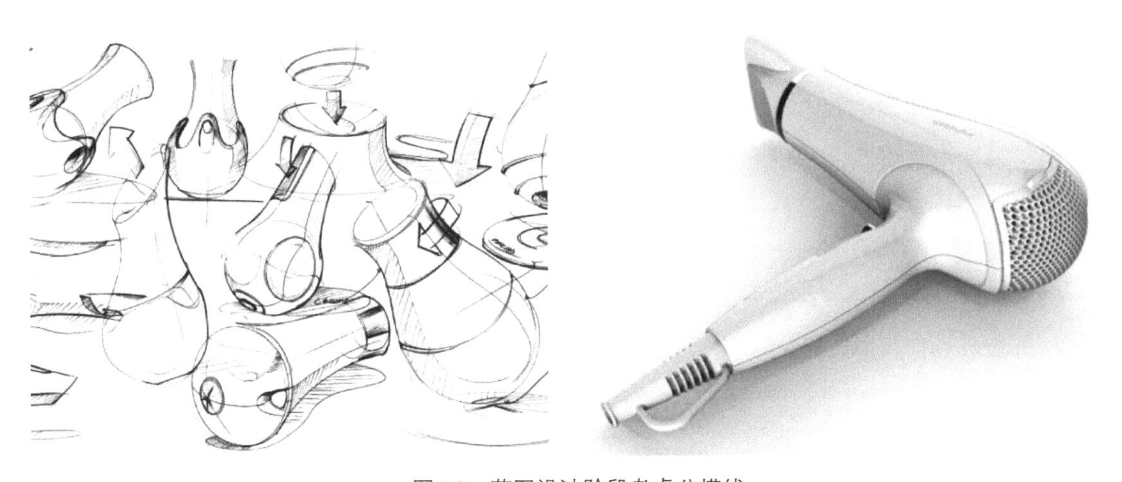

图4-9　草图设计阶段考虑分模线

2. 塑料材质在产品形态中的表面处理

使用塑料材质的产品表面的立体纹理和肌理是可以通过塑料的成型工艺直接处理出来的。也可以在产品成型后进行表面优化，如涂饰、印刷及电镀等，还可以采用**贴膜法和热烫印**、丝网印刷等。随着产品表面的质感要求越来越高，很多产品的表面都要经过多层工艺处

⊖ 分模线（分型线）与模制零件成型相关，指模具各部分相交面与成型零件外表面的交线。拿最简单的球体来说，一般都是开在中间，主要为了方便脱模，中间那条线便是分型／模线；接缝线与产品装配相关，是产品零部件拼装时的那条缝。

理，已到达多层次丰富的表面效果。例如图4-10a所示的日本便当盒品牌 Takenaka推出的一系列便当盒，选用了优质的聚乙烯，确保环保无毒，其表面的处理工艺让靓丽丰富的色彩被凸显出来。图4-10b所示的鲸鱼形彩妆盒和图4-10c所示的沥水篮设计都采用塑料材质，成本虽低，但一样可以获得生动的造型、细腻的质感和丰富的色彩。

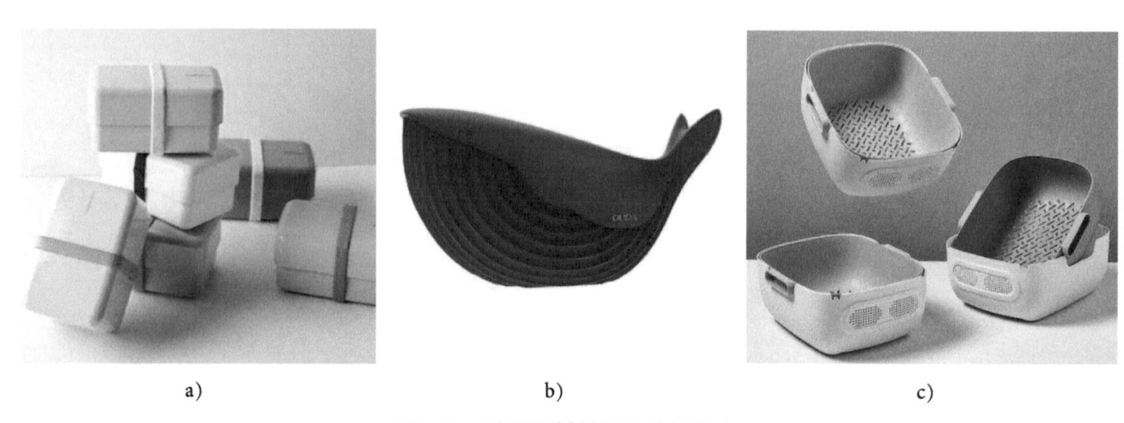

a)　　b)　　c)

图4-10　采用塑料材质的产品形态

a）便当盒（聚乙烯）　b）彩妆盒　c）沥水篮

4.1.3　木材类材料

木材是一种优良的天然材料，也是人们最为熟悉的材料之一。木材作为产品的一种材质，具有其他材质无法比拟的优越性，如重量轻、易加工、可塑性强、电阻大、传热性能差，并具有天然色泽与花纹，在现代设计应用中占有十分重要的位置。但是木材类材料也有易变形、易燃、易腐朽、易受虫害等缺点。图4-11所示为一种日本传统的弯曲薄板圆饭盒，它是利用杉树、丝柏原木本身的优势进行折弯成型的。由于木材拥有良好的通气性，便当盒能恰到好处地吸收米饭中的水分，即使米饭凉了，其美味依然不减。此外，杉木还有杀菌效果，又能满足健康需求。充分利用材料的特性，让这款木质饭盒不仅健康、环保，还能完美地保存食物的原有味道。

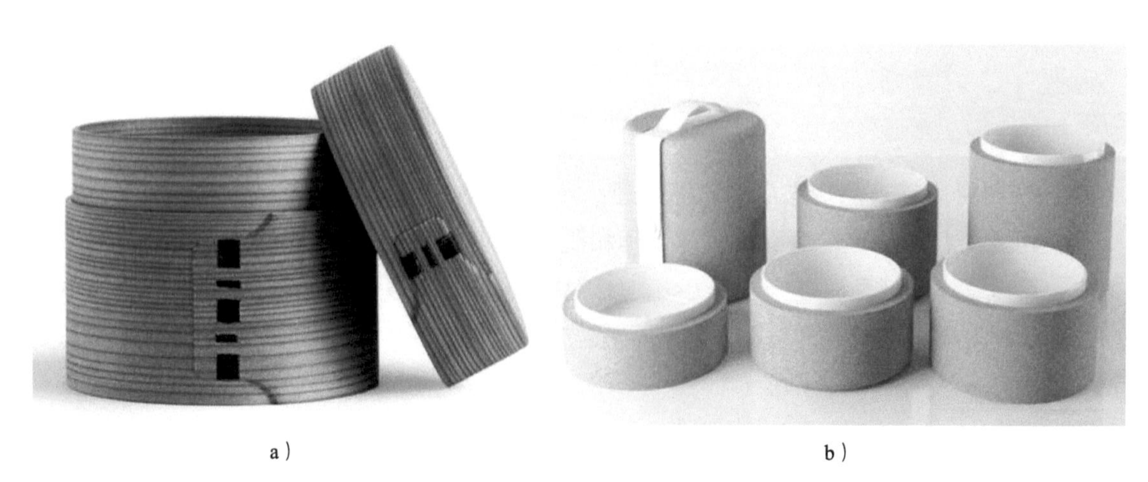

a）　　b）

图4-11　采用折弯的杉树等制作而成的便当盒和软木材质的便当盒

1. 木材在产品中的塑形特点

木材既能通过自身的塑形成就产品形态，又可利用木材本身的木色和木纹作为产品的装饰件（饰面）。而木材天然的纹理和色泽又能给人带来自然、环保、健康、生命的韵律和原始的情感体验。

图4-12　弯曲功能面的kayak椅子

木材塑形一般是通过工具或机械设备直接切割（削）加工成产品构件，并将其组装成制品，再经过表面处理、涂饰，形成一件完整的木制品。木材的弯曲成型工艺在现在的产品形态设计中备受重视。该工艺一般与蒸煮、压制等工艺处理相结合，让木材塑形变得更丰富、整体。图4-12所示的2016年红点设计大奖获奖作品——kayak椅子，就是利用蒸汽技术使椅子的木材有了焕然一新的造型，充分利用木质的可塑性，减少椅子的厚度又不损害其结构的完整性。从外形上来讲，它从坐面到靠背的过渡区设计得很巧妙，木质面材呈现自然的弧度，这是之前木质椅子很难做到的；加高椅子腿与面材互相借力，让壳状结构具有适度的弹性，环绕身躯，为用户带来极高的舒适度。另外，椅子流畅的自然纹理也使椅子焕发别样的生机。

木材有一种比较特殊的种类——软木，在产品中也有应用。如图4-11b所示，葡萄牙工业设计师布鲁诺·马奎斯（Bruno Marques）受到 Dabbas[⊖]的启发，推出了名为 Mita 的便当盒，其所采用的软木材质可实现餐盒良好的保温性能，分层式的设计，则为多品类、组合式的食物提供了便利。布鲁诺·马奎斯将其称为一个聪明又环保的解决方案，同时不失设计感。

2. 木材材质在产品形态中的表面处理

很多产品（特别是家具）都是由木材制造出来的，木材独特的纹理让其成为最受欢迎的饰面材料之一。不同的木种有着不同的肤色、不同的木纹、不同的硬度，作为产品形态面饰材料，因为有独特的色调和纹理让产品显得非常特别。例如在汽车内饰设计里的实木的应用会给使用者带来真实细腻的触感、手工定制感、亲肤温暖感等多种体验。如图4-13所示为直纹胡桃木开放漆和深色火焰纹桦木内饰条。这些实木经过手工工艺精细加工，保持天然的木纹和色泽，再搭配上细腻的皮料、简洁干练的形式，让车厢内的人们无论身在何处，都能真切地感受到来自大自然的气息和人文关怀。

⊖ Dabbas 是印度孟买的一种传统午餐餐盒。孟买的上班族大多依靠 Dabbawallah 所建立的餐盒递送系统来解决午餐问题，在印度已有超过百年历史。

图4-13　采用直纹胡桃木开放漆和深色火焰纹桦木内饰条的沃尔沃内饰

4.1.4　陶瓷和玻璃类材料

陶瓷和玻璃都是无机非金属材料，它们都需要通过高温煅烧才能成型。陶瓷除了用于日常所见的餐具、卫生洁具、陶瓷工艺品外，人们正积极拓展其在产品设计中的运用，如耐磨损的手表、灯具等。玻璃晶莹剔透，具有良好的透光性、抗风化和抗化学介质腐蚀等特性，应用非常广泛，如家具、灯具和日化、食物包装等（见图4-14）。在产品设计中，玻璃、陶瓷与其他材料的结合设计在当下非常流行，陶瓷与木材、金属、玻璃等结合出现非常多优秀的案例。它们之间通过质感对比和特性互补，以及天然材料的独特纹理及效果形成对比，出现交融，让产品呈现出独特、时尚的设计美感。图4-15a所示的一系列作品名为“宁静的天空”，田中美佐将白色的陶瓷与半透明的玻璃完美结合，这是他经过多次尝试后，将两种不同的材质无瑕疵得黏在一起，让原本朴素的生活器皿给人一种独特的感觉。

图4-14　玻璃制品

金属与陶瓷的结合设计在历史上是经常出现的，金属材料良好的延展性、硬度可以为陶瓷提供良好的补充。例如，中国民间修复破裂的陶瓷常用金属来加固修补；陶瓷无法制作的细小零部件、装饰件，可以用金属来补充；陶瓷在厚度上的局限可以用金属很轻易地解决。这样的互补性能使得金属与陶瓷在很多生活用品中相伴而生，不仅改善了单一材料的视觉效果，也提升了整个产品的使用性能，如图4-15b所示的名为“now and then”（彼时与今日）的便当盒由陶瓷与黄铜组成，使其具有一种复古的风格。

a）　　b）

图4-15　陶瓷与其他材质相结合的案例

a）“宁静的天空”陶瓷玻璃器皿　b）陶瓷与黄铜组成的考古风格容器（便当盒）

4.1.5　织物和皮革类材料

织物是由纤维通过交叉、绕结、连接而构成的平软片块物。皮革是经脱毛和鞣制等物理、化学处理所得的已经变性不易腐烂的动物皮。织物和皮革都具有特殊的纹理和光泽，手感舒适。织物与皮革材料主要用于产品的表面，起到软化产品的作用。随着新材料的不断更新迭代，很多织物皮革材质在保持柔软舒适触感的同时，抗污和耐磨能力大大提升，以至于很多研发都利用这些材料来制作产品。例如图4-16所示的iQseat 的凳子，其设计风格为紧凑、简约，柔和的织物面料让其放在公共空间中也让人倍感关怀。图4-17所示的由设计师雅各布·德·班（Jacob de Baan）所设计的皮革灯具，就是使用皮革作为产品的材料进行新应用的案例。

图4-16　iQseat的凳子

图4-17　设计师雅各布·德·班设计的皮革灯具

综上所述，产品设计会受到材料和加工工艺的影响，当产品为批量生产时，会受到加工工艺的限制和成本的制约，而当消费者购买产品时，他们会根据形态和质感选择产品……因此，设计之路并非自我观念纯粹的表达，这是设计与艺术的最大区别。在进行设计时，所有的限制因素都是可以转换的。正如佐藤大所述：“设计就像是胶水，把遥远的事物联系在一起。**新的材料、新的业务、新的机遇都能通过设计被粘在一起**。世界正在改变，尤其是零售业，规则也因此改变。当市场中有大的变化时，设计和设计师就会迎来大机遇。最重要的不是追逐这一切，而是用更广阔的视野去看待它们”。

4.2 产品形态与产品色彩及工艺

产品形态与色彩的关系是亲密无间的，特别是从电子产品时代开始，产品形态趋于简洁，色彩的功能更凸显出来。产品色彩不仅有专用名词，还有为产品而生的专有颜色，以及为产品而生的色彩工艺技术，所以说产品色彩及工艺是产品形态设计中不能忽略的重要因素。

4.2.1 产品色彩分类

1. 白色系

白色系是产品设计用色中最受欢迎的色系之一，因早期家电大部分为白色，故有专用名词——白色家电。白色家电是对家电一种分类的具体类别名称。白色家电指可以减轻人们的劳动强度（如洗衣机、部分厨房电器），改善生活环境，提高物质生活水平（如空调、电冰箱等）的产品；白色能带给人们**干净**、**清洁**、**明快**的感觉，这与白色家电可以让家居环境变得更洁净，让家务活动变得更轻松的出发点不谋而合。白色寓意公正、端庄、正直、安静，白色的东西则更显纯洁，更多的时候象征人的心灵不受污染。

白色系中的象牙白、米白、乳白和苹果白比较有名。这里以人们熟知的苹果白为例，乔布斯为在苹果的产品上获得理想效果，对其使用的白色进行了多次调整和设计，最后获得理想的白色——以苹果白命名的白色。白色和黑色都是不易产生审美疲劳、经久耐看的颜色。因此，苹果产品喜欢白色，IBM的产品一直采用黑色，这两家品牌的产品都有“不疲劳的”美。从感性层面看来，苹果的白色设计能够更好地捕获购买者的潜意识，白色是想象空间最大的颜色，大到可以涵括所有，并且是独一无二的，永远不用担心不够时尚。图4-18所示的由深泽直人所设计的MUJI烤面包机就使用了白色，看上去简洁时尚。

图4-18　白色系产品——MUJI烤面包机

2. 马卡龙粉色系

马卡龙粉色系因其粉嫩、具有弹性的特点，会让人产生飘逸、舒适、年轻的感觉。马卡龙是一种法式甜点，由于大量使用抹茶、可可、果酱或焦糖，其颜色看上去非常绚丽。这种甜点的颜色又受到时尚界的追捧，于是诞生了“马卡龙色”这一独特的配色方案。和高级灰一样，马卡龙色同样是一种低饱和度色系。在纯色的基础上，加入10%~30%的灰度，就可得到“马卡龙色”（见图4-19）。马卡龙色的核心特点是“粉色感”。如果底色是鲜艳的红色，就增加一定的灰度，使其呈现出淡粉色的质感；如果底色是绿色，就增加一定的灰度，使其呈现出嫩芽一般的粉绿色质感。因此，同样是低饱和度色系，高级灰走的是“灰色滤镜”的路线，看上去“灰灰的”；马卡龙色走的是“粉色滤镜”的路线，看上去总是“粉粉的”：粉红、粉蓝、粉紫、粉绿、粉棕等。和高级灰不同的是，马卡龙色一般以暖色、亮色为主。高级灰主要突出冷淡感，而马卡龙色更突出“糖果色”和“少女感”。因此，使用马卡龙粉色系的产品会呈现出轻盈、娇嫩、柔和、年轻、舒适的感觉。此类产品的形态使用圆弧线、曲线较多。

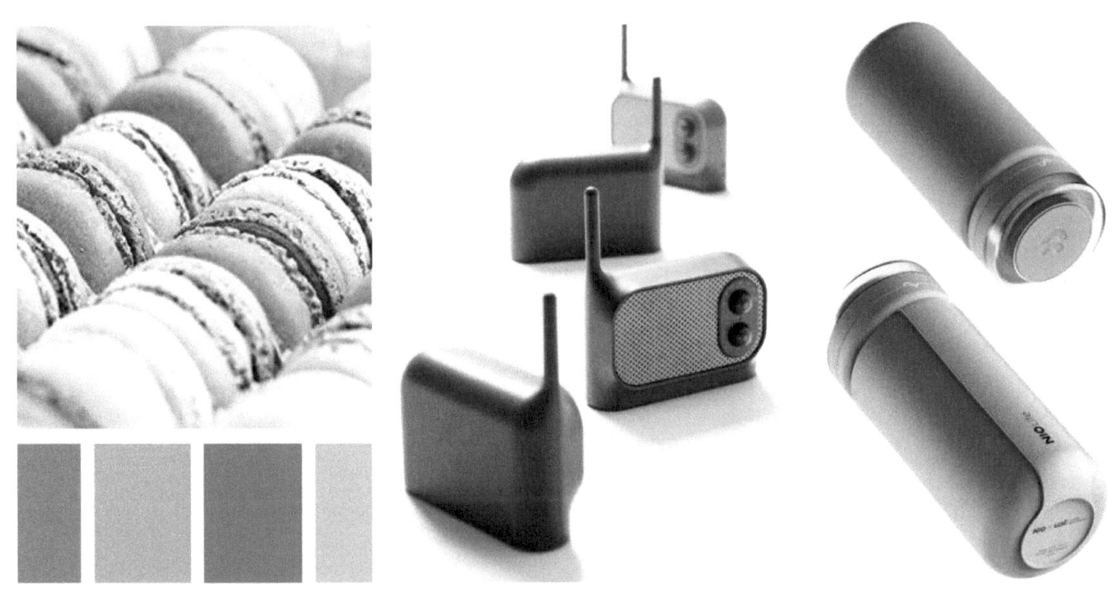

图4-19　马卡龙、马卡龙色系和马卡龙色系产品

3. 纯色饱和色系

纯色饱和色系是指色彩纯净度、鲜艳度高的色彩，且这些色彩的饱和度较高。该色系在产品设计的用色中是非常有特色的。有色物体色彩的纯度与物体的表面结构有关。如果物体表面粗糙，其漫反射作用将使色彩的纯度降低；如果物体表面光滑，全反射作用将使色彩变得比较鲜艳。在设计中，色彩与材质的设计是一体的，因此，选择该色系的产品很多会选择光滑的材质与其搭配。使用纯色系的产品呈现出一种果敢与肯定，因而纯色系产品非常适合应用于成熟、时尚类产品中（见图4-20）。

图4-20　纯色饱和色系产品

4. 无彩色（黑、灰色）系

无彩色系是指黑、白、灰色系。黑色和灰色系会给人冷静、硬朗、理性和沉稳的感觉。黑色有专用名词——黑色家电，原指提供娱乐、休闲的设备，如DVD播放机、彩电、音响、游戏机、摄像机及照相机等。但是随着时代的变化，黑色系产品越来越多，也有反其道而行之的，如图4-21所示的格兰仕黑金系厨房家电，其外观就采用了“高级黑”的简约设计，代表的不只是一种风格，更是一种高品质的生活状态。

图4-21　格兰仕黑金系厨房家电

灰色，介于白色与黑色之间，在电子产品时代备受欢迎。因明度上拥有多个层次的颜色，可以传递出轻松、理性、诚恳、沉稳等丰富的感情。浅灰色（银色系）或亮银色会带给人耀眼和轻巧的感觉，而深灰色系会带给人沉稳、结实的感觉，并且都不失理性。在产品上使用灰色与饱和度高的彩色搭配也是非常舒适的配色组合，既降燥，又可突显明亮而张扬的彩色。

4.2.2　产品色彩工艺

产品材料的作色工艺一直影响产品的色彩。而产品的色彩又直接影响产品形态的最终呈

现效果。比较具有代表性的例子就是当下的手机，其色彩设计变得举足轻重。据统计，仅国内十大品牌当前在售的手机，就有270多款配色。之所以有如此多的配色，是因为这些机型突出的卖点就在于颜色。

手机可以拥有多少种颜色，是由手机生产时的制造（色彩）工艺决定的。最早的功能机其实是清一色的黑色，正如亨利·福特的那句名言：“顾客可以选择其想要的任何一种颜色，只要它是黑色”。直到1998年，诺基亚推出了换壳工艺。这些外壳前后壳可以同时更换（见图4-22a），从而获得多款颜色。这款因色彩而带上时尚概念的手机是诺基亚品牌第一款销量超过一亿部的手机。当一体机全面取代了可拆卸手机后，手机机身的材质从塑料变成了玻璃面板和铝合金。因为在当时这些材料的着色工艺远远不如塑料成熟，因此，在很长一段时间里，手机失去了“颜色”，从五颜六色又变回了黑白两种配色。

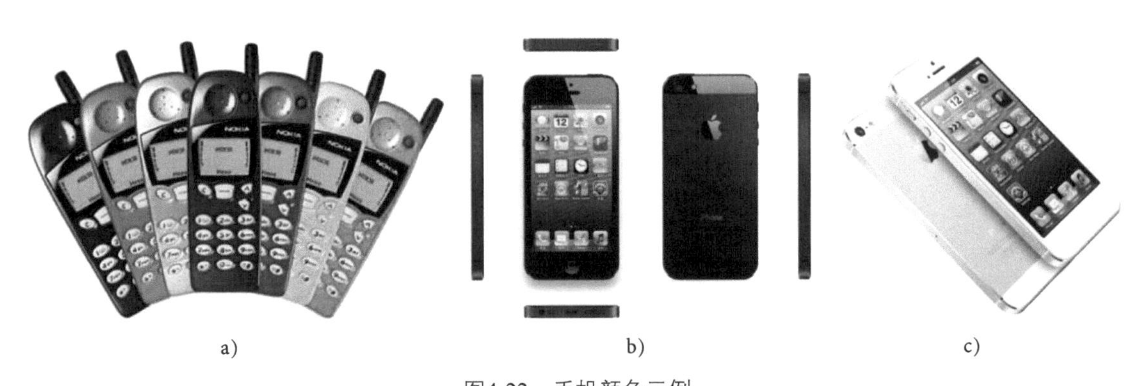

a)　　b)　　c)

图4-22　手机颜色示例

a）诺基亚彩壳手机5110　b）iPhone 5 航空铝材的黑色机身　c）iPhone 5s的金色配色

直到2013年，苹果手机第一次推出了新配色“香槟金”，金色在当时是最容易电镀的颜色，这才让手机重新开启了彩色化的过程。其彩色的铝合金背板是用阳极氧化工艺来上色的，而不锈钢边框的上色则使用物理气相沉积这种镀膜工艺。这些新的工艺催生了苹果产品的新颜色。

2018年，中国的手机厂商接过了色彩研发的接力棒，推出了渐变色的手机。渐变色工艺主要有两条路线：一是用复合板材做后盖，在工艺上模仿处理出玻璃质感。二是在玻璃后盖上着色，如渐变镀膜、渐变喷涂、渐变印刷、渐变浸染等。在当前阶段，渐变色是国内手机主流配色，除了这两条路线，厂商还想到了让手机外观主动变色。例如努比亚的红魔5G游戏手机，按一下侧按键，黑色背板就会变透明，露出里面的芯片结构，极具科技感；华为P50 Pro涟漪云波配色款手机，只需双击机身后壳，机身材质中的晶体就会受到电流通电的影响，进而翻转至光线可穿透的方向，从雾面变为透明，犹如小石子投入池塘，带来波光粼粼的动态效果，如图4-23所示。上述主动变色功能采用“电致变色工艺”技术。该种技术是在材料中加入导电薄膜，薄膜在电力作用下会发生氧化还原反应，对光的反射率产生变化，从而产生颜色的变化。这正是科技推动产品的色彩变化，也改变了产品的色彩观。

图4-23　努比亚红魔5G游戏手机和华为P50 Pro涟漪云波配色款手机

产品的色彩及其工艺虽然不像产品材料及其成型工艺一样限制产品形态的设计，但是对于产品形态的最终呈现效果却影响很大。色彩让我们设计的产品形态情感表达更为细腻，让产品形态更具魅力，更容易受到消费者的关注和喜爱。

本章训练

1. 课题训练：产品形态设计的限制因素展示

课题名称：产品形态设计的限制因素展示

训练目的：复习产品形态与功能关系，认识产品形态和材料、制造工艺、色彩等关系，同时提升手绘表达能力。

内容要求：①设计一款产品，针对家庭环境使用。

②对其进行简单的结构分析，画出爆炸图，表达出内外限制因素。

需要表现其内部元件（内部元件只需要概括性地表现出大致体积；合理地规划分模线以及产品组成部分；标注出产品每部分的材质、色彩和制造工艺。

③画出产品与人、环境的关系。

根据产品大小和使用方式选择画出环境、人的全身或者人的局部。

提交要求：①以简洁的展板方式提交。

②需要展示内容：最终方案、配色、材质搭配、适当的细节和简洁的说明；

③尺寸：A3纸2~4张。

评价依据：①产品基本形态与功能关系清晰，形态协调并考虑使用关系。

②形态及材质搭配协调，且有说明。

③手绘能力及图纸表达。

练习时长：4学时。

2. 课题设计：产品形态与产品材料

课题名称：休息设施设计

针对一座多功能的综合购物中心的室内公共空间，进行其不同功能区的休息设施的设计。设计要求考虑不同的使用环境和使用人群，以及休息设施所选用的材料及制造工艺、色彩等因素。

训练目的：复习产品形态与功能关系，认识产品形态和材料与工艺、色彩、使用人群、使用环境等关系，同时提升手绘表达能力。

内容要求：①考察身边多功能的综合购物中心，针对购物中心的休息设施进行分析和总结。选择一定场地，对其休息设施的设置进行规划。

②进行休息设施的草案创意，配简短设计说明。

③选择1~3个（成组/成套/成系列的）进行深入设计，要求功能和形态表达完整、有材料选取、表达及选取理由、色彩等细节表达。

提交要求：①以简洁的展板方式提交。

②需要展示内容：最终方案、配色、材质搭配、适当的细节和简洁的说明。

③尺寸：A3纸2~4张。

练习时长：4学时。

第5章

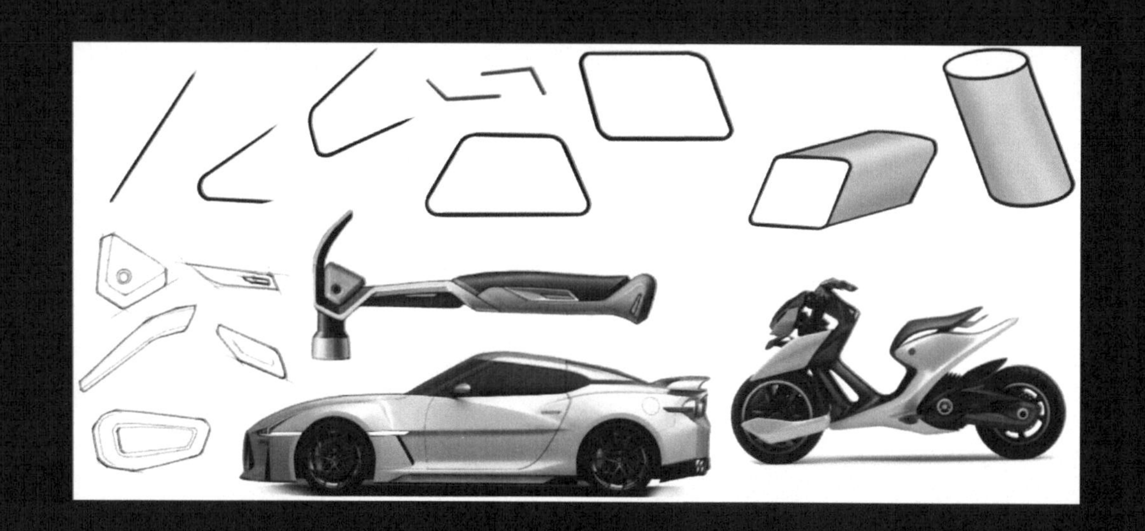

产品形态创意与设计

创意，在当下是一个热门词汇。创意并不是无中生有，而是有章可循的，可以通过创意方法打破旧的常规，寻找新的和谐的秩序。通过前面章节的学习，已经可以从产品功能、产品语义、材料工艺及形式美等方面进行产品形态设计，但只有这些还是不够的。索尼公司前总裁盛田昭夫曾说：“我们相信，今后我们的竞争对手将会和我们拥有基本相同的技术、类似的产品性能，乃至市场价格，唯有设计才能区别于我们的竞争对手。”从消费者角度出发，人们的需求随着社会经济的发展而不断升级，从最初的实用性需求到心理层面的审美性需求，再到更高的、精神层面的娱乐性需求；随着需求的不断升级，产品也需要不断进化。产品形态是产品功能、信息的物质承载，是吸引消费者的第一步，产品形态的创新设计是实现产品创新、迭代的重要环节。

既然如此，那么产品形态应该如何进行创意设计？创意对于初学者来说确实是困难的，但不是没有方法，下面将试图探寻一些方法，以期通过循序渐进的方法帮助初学者掌握产品形态的创意方法。

5.1 产品形态创意之由“形”到形

5.1.1 形态特征提取与重塑

之前学过的造型方法：**从零开始的造型及变形方法，通过对一些基本的几何形体进行组合和改变，从而得到新的造型**，这是从简单到复杂的过程。本章将讲解更复杂的方法，同样需要遵循从简单到复杂的方式。第一种创意方法是**移“形”**设计，即将素材中需要的、有特征的“形”提取出来，经推敲重塑后移植、融合到新的产品形态中。第二种方法是**移“态”**设计，即将具有某种特征的“态”从造型、色彩、质感等方面总结提炼出来，并用简洁的语言（关键词）进行表述，在设计时，运用“态”的关键词指导设计工作，即可获得相应的“态”的设计。

国际知名广告大师詹姆斯·韦伯·杨在其著作《创意》一书中提出了创意的方法，其中一种就是将旧元素重新排列组合形成新元素，即把已知的、原有的元素打乱并重新进行各种形式的排列组合，进而构成一个未知的、没有的新元素。在产品形态设计中，运用的这种方法，称为形态特征提取与重塑。**形态特征提取与重塑**的第一步就是从造型角度进行的移“形”设计。

产品形态提取与重塑的过程，概括来说就是“素材-认知-重塑”（见图5-1）。第一步是素材选取，素材可以是设计元素、意向图，也可以是具象的图片、文字，或者抽象的艺术作品、影视作品，甚至是游戏角色。从感觉层面找到想要的素材，即素材的某些因素或者某些特征打动了你。第二步是分析素材，即认知。认知主要表现为对设计素材概括出相应的关键点：**形态特征、色彩语言及质感、材料、工艺特性**等，从这些因素里是否可以提取出相应的特征点。最后一步是重塑，即针对提取的特征点，结合产品的功能进行重新造型和变形，塑造出新的产品形态。重塑不仅需要运用前面学习的造型方法、变形方法及形式法则，还需要让新的形态语言符合相应的设计要求，如造型的实用功能和审美感受等。

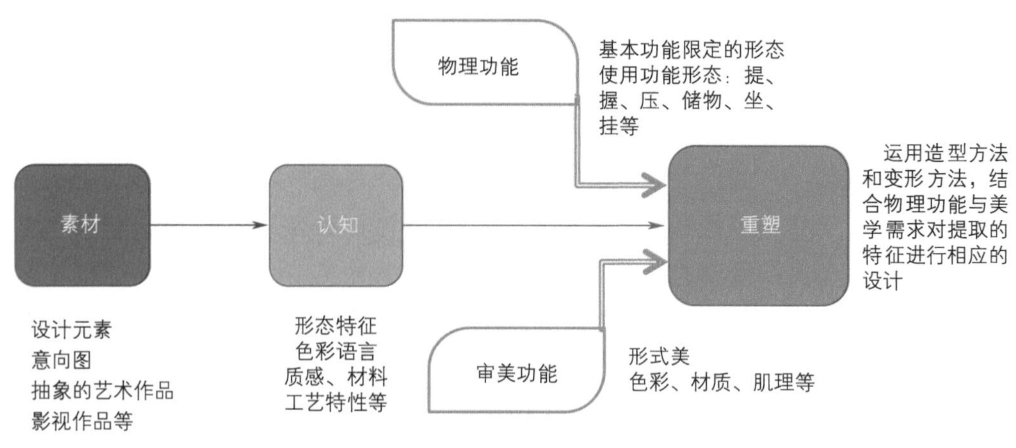

图5-1　形态特征提取与重塑示意图

5.1.2　从“形”出发的重塑产品造型

构造出具有特征的“形”的新的产品形态是从“形”出发的重塑的目的，那么问题来了，原有的“形”应该是什么？可以提取什么？使用什么方法可以提取？

首先需要回到“素材”和“认知”环节。对选取的素材从塑形角度进行一定的认知分析，即它有什么特点/特征能够打动你，以及这个特征在造型元素中呈现的特征是什么。例如：分析它的整体轮廓的特征，以及它的面元素或线元素特征。根据1.2节和3.3节中元素的分析可知，线元素在造型中起到了决定性的作用，于是选择从最适宜塑造特征的“线元素”——“特征线”入手。

通常特征的提取需要考虑是否与产品功能形态匹配。对于形状特征有两类表示方法：一类是轮廓特征，另一类是区域特征。图像的轮廓特征主要针对物体的外边界，图像的区域特征则关系到整个形状区域。

在图5-2所示的空气净化器设计案例中，素材图像是一个靠墙的、直立的曲面形态，该形态表面为流畅曲线，靠墙一侧呈直角，整体轮廓呈现L形半包裹状，外侧线条流畅圆润。设计者选取图像的轮廓特征，通过分析整体轮廓特征，认为该轮廓直接用于产品塑形稍显单薄。在对素材进行认知后，设计者需要结合前面章节的塑形方法对其进行重塑。重塑的第一步就是将L形轮廓进行轴线对称，生成一个对称图形，这个图形既有稳定的基础，也能实现产品的功能。利用图形转为一个直立的造型，它可以实现空气净化器的功能。通过适当的调整即可确定空气净化器的进气口、出气口和操控区，再进行细节推敲、调整，找到最合适的、优化的净化器形态。

在图5-3所示的运动型音箱设计案例中，设计者根据产品的定位，寻找合适的意向图，进行元素特征提取与运用。第一步：根据定位方向寻找合适的意向图，运动型音箱应该寻找与运动相关的、比较有动感的意向图；第二步：设计者先分析和观察意向图，找到其独特的局部特征线，将其提取出来成为一个特征元素；第三步：选取意向图中的特征线，将提取的线条变形，可以先从一个角度开始推敲，正视图或侧视图都可以；最后一步：根据得到的正视图或侧视图，推导出产品的整体造型，可以多角度延伸进行推导，最终获得多个产品形态草案。后续也可以利用草图去探索设计更多的可能性。图5-4所示为利用局部特征进行产品形态重塑的设计案例。

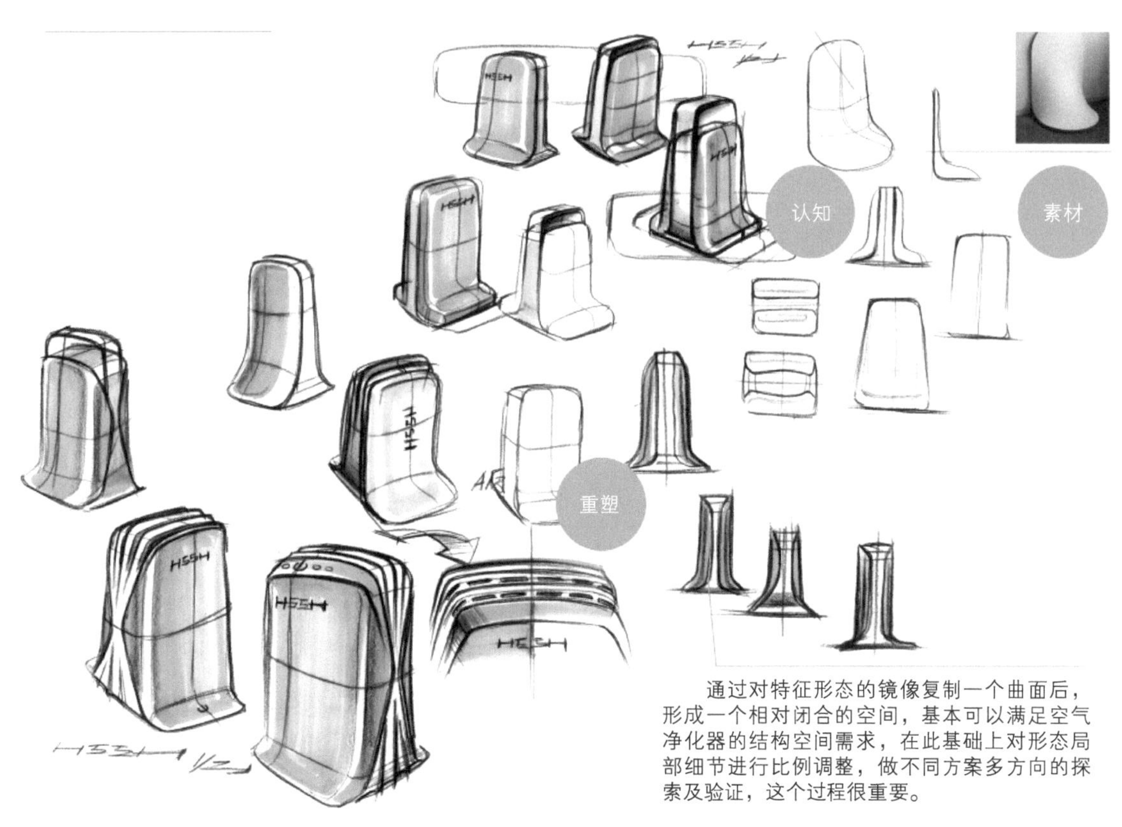

图5-2 利用整体轮廓线进行产品形态的重塑（选自黄山首绘）

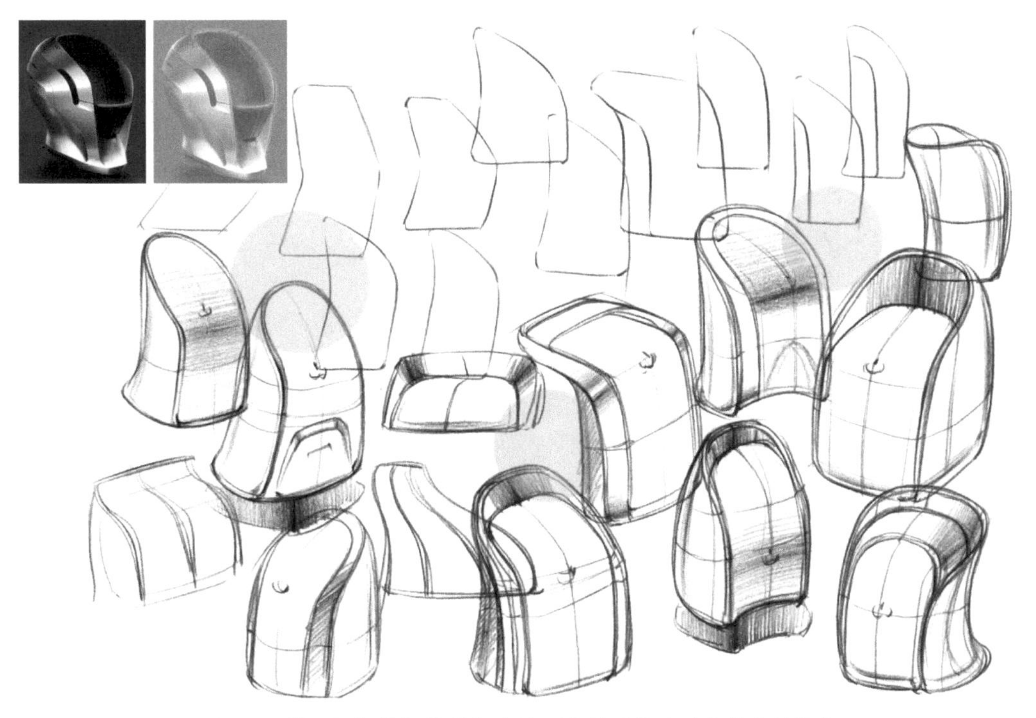

图5- 3 利用局部特征线进行产品形态的重塑（选自黄山首绘）

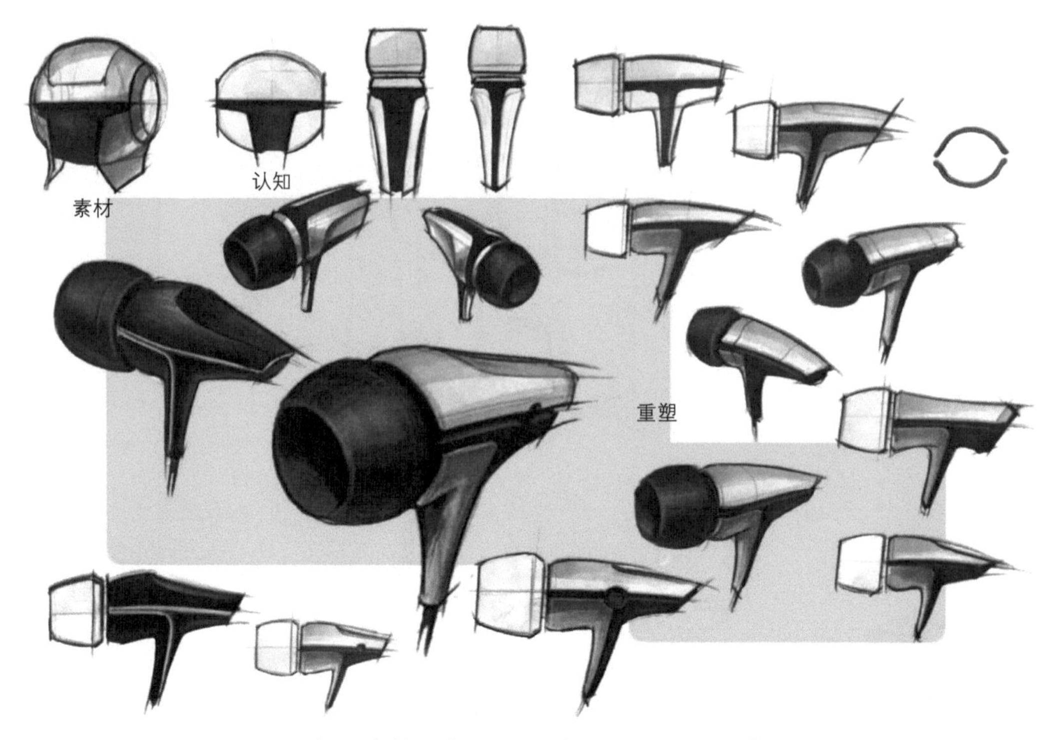

图5-4　利用局部特征进行产品形态的重塑（作者：李晓宇）

图5-5所示为利用结构关系的造型特征进行产品形态重塑的设计案例。该案例中的素材为两个带状环扣造型，设计者在对图像进行绘制后展开分析，选择特点突出的两个环扣结构为元素，进行变形重塑。两个环扣的结构均为上小下大。带状环扣中间通过填充就可以获得一个类似产品的形态。之后，将获得形态变方或变圆、变宽或变扁，设计出更多的产品形态。

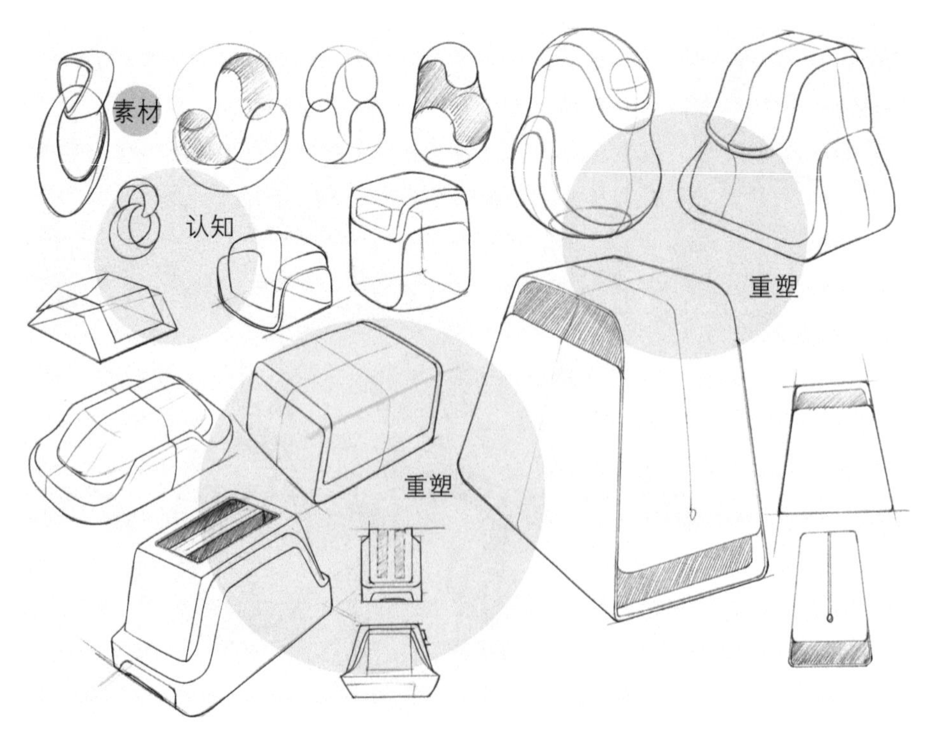

图5-5　利用结构关系的造型特征进行产品形态的重塑

这种从“形”出发的产品形态创意，其形态可以是从简单的“特征形”的嫁接和借用的，也可以是造型结构关系转化演变的，还可以是元素、形态的简化、变形获得的。后两者的方法与仿生设计⊖中结构仿生和形态仿生的本质是一致的（见图5-6）。形态仿生设计中主要运用抽象与概括方法，将素材（生物特征）在形式上或结构上的特征进行高度提炼后，运用到产品形态设计中，如运用形态仿生的蝴蝶椅设计、运用结构仿生的穿山甲背包设计（见图5-7）。

图5-6　产品形态仿生设计

a）

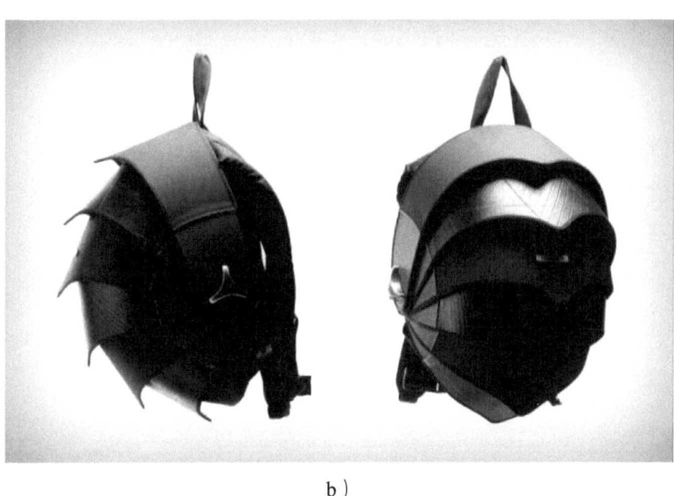

b）

图5-7　形态仿生和结构仿生设计产品

a）柳宗理的蝴蝶椅　b）穿山甲背包

5.2　产品形态创意之由“态”到形

在当下，爆炸式增长的信息资源，让人们的注意力成为稀缺资源，而在注意力稀缺的时代，商家需要有好的内容或形式来抢夺人们的注意力。这对产品设计也提出了更高的要求：在满足产品实用功能的基础上，美、满足一定情感的个性化的风格也是必需的。这是产品满

⊖ 仿生设计学是指以自然界万事万物的“形”“色”“音”“功能”“结构”等为研究对象，有选择地在设计过程中应用这些特征原理进行设计。产品的形态仿生设计是在设计过程中，设计者将某种仿生对象的整体或局部经过加工和整理应用于产品外观上，让人产生某种相关联想的一种设计手法，从而满足人们返璞归真、回归自然的情感需求。

足现阶段的消费者的必备要素，通过满足用户的情感需求，让其感性打破理性，进而释放购买欲望。产品的形态就是影响消费者感性决定的主要因素。怎样在产品形态设计中创造满足消费者情感需求的个性化风格，即是给产品造型注入一定的“态”！我们知道，“产品形态”的“形”是造型，“态”是产品的情态、表情、神态。向产品造型的设计中注入相应的“态”，就能让产品拥有表情、神态，从而可以承载设计师想要表达的情感风格，因此具有情感属性，就能满足消费者的情感需求。

产品形态的创意从“态”到“形”就是给产品造型注入不同的“态”，以满足消费者不同的情感需求。在现实设计（任务）中，经常使用一些抽象的词汇去表达设计意向，如何将抽象的概念精准地转换为造型语言，或是将想表达的情感/风格转换为大众所理解的造型语言，都是设计师需要掌握的必备技能。造型，从设计的角度看是由点、线、面、体、色彩、质感及一定的装饰构成的。而从实物来看，则是由不同的材料通过不同的工艺所形成的。无论前者做何等的变化都须通过后者才能最终体现出来。因此，想理解产品“态”的定位，需要先对产品的造型、色彩与材料及其工艺等方面进行分类归纳，以获得设计产品“态”的方法。

5.2.1 造型元素的“态”

设计中的造型要素是设计重要的关注点之一，设计的本质和特性必须通过一定的造型得以明确化、具体化、实体化。从产品的造型角度来看，造型由不同的造型元素组合而成，它们所形成的整体会带给人不同的形态感受。而这些感受**主要源于平面构成和立体构成中基本元素的感受**。因此，分类归纳总结基本元素的“态”——情感因素是非常重要的。

如直线、平面、折线、方形、立方体等塑造的产品形态会给人以或稳定、或硬朗有力、或明快、或规则冷峻的感觉，适用于科技、电子、设备、家用电器等产品，如图5-8所示。

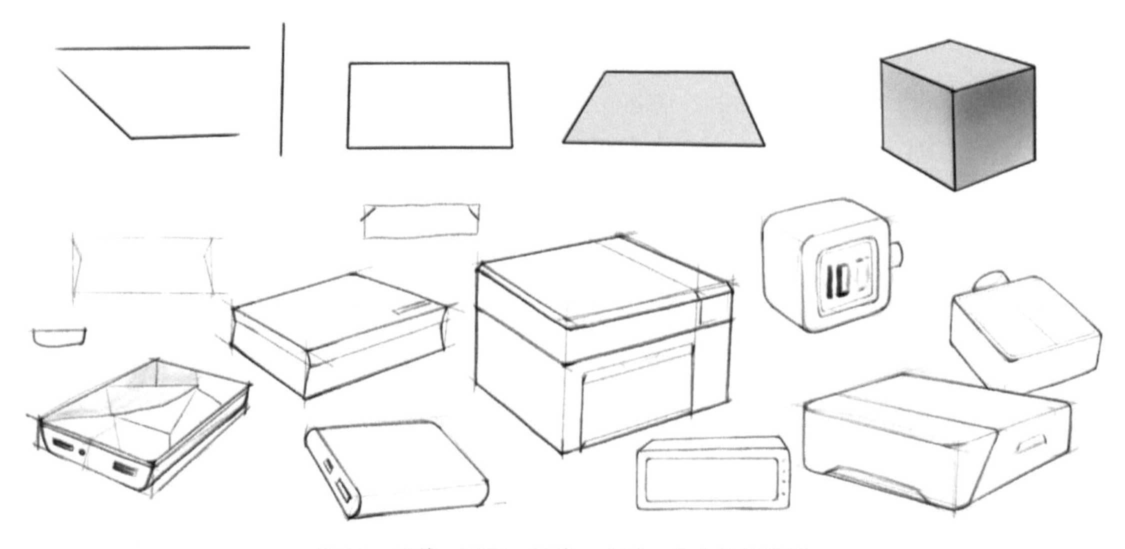

图5-8　直线、平面、折线、方形、立方体等造型

使用弧线、圆弧、圆球或者将矩形的角进行倒角后变成圆角，再拉伸成柱体、圆柱等造型（见图5-9）所设计的产品形态，与直线类造型相比，在端庄、硬朗的基础上又添加了一定的柔和元素，让人感觉更容易亲近。这类谦和的造型可以用于贴近人们身体，不易对人体造成伤害，适合人们经常使用的一类产品，如小家电、日用品、玩具等。

图5-9　弧线、圆弧、圆球和圆柱等造型

曲线具有丰富的表情，如自由曲线、曲面能塑造动态造型，有利于营造热烈、自由、亲切的气氛，如图5-10所示。特别是自由曲线，它对人更具吸引力，因其自由度强，更自然，也更具生活气息，创造出的形态富有节奏和韵律的美感。曲线造型所产生的活泼效果使人更容易感受到生命的力量，激发观赏者产生共鸣。用这类曲线营造的产品形态活泼亲切，用于玩具、装饰品、家具或小家电的产品造型是非常适合的，如图5-10所示。

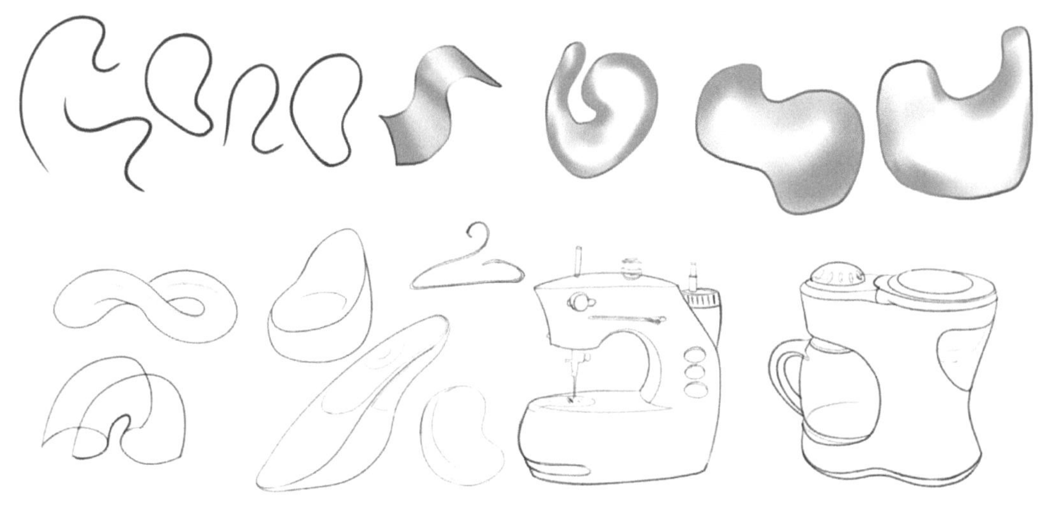

图5-10　曲线、自由曲线、椭圆形等造型

在造型中使用圆和椭圆形能显示包容，有利于营造完满、活泼的气氛；而流畅的曲线既柔中带刚，又能做到有放有收、有张有弛，可以更好地满足现代设计所追求的简洁和韵律感。利用残缺、变异等造型手段有利于营造时代、前卫的主题。残缺属于不完整的美，残缺形态组合会产生神奇的效果，带给人极大的视觉冲击力和前卫艺术感。

倾斜的直线、圆柱、菱形或者平行四边形、梯形等造型元素（见图5-11），则会带给人一种不平衡的感觉，倾斜容易形成一种动势，折线容易产生方向感。利用这些倾斜的元素可以塑造需要运动感的产品，如自行车、摩托车、汽车和户外运动类产品。

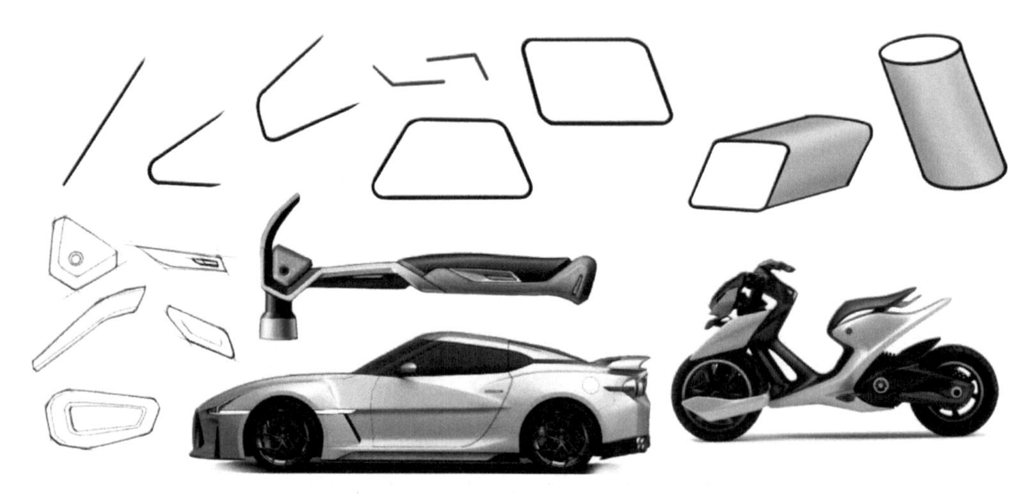

图5-11 倾斜的直线、圆柱、菱形或者平行四边形、梯形等造型元素

5.2.2 色彩提取与归纳

造型与色彩是紧密相连的，色彩具有丰富的**情感表情**，是影响产品形态设计中“态”的关键因素之一。一定的产品形态和相应的色彩搭配会引起人们对生活的美妙联想及情感上的共鸣。OPPO品牌为其于2022年春季发布的中端旗舰机型Reno 8搭配了6款不同的颜色，其中3款为纯色系：漫游灰、逍遥青、暗涌黑；剩余3款为渐变色：蓝黑渐变（“夜游黑”）、粉蓝渐变（“晴空蓝”），以及黄色、粉色和绿色的渐变款（“微醺”）（见图5-12）。仅从色彩独特的命名就能感受到满满的青春气息，正因此，也吸引了一大批消费者。从该案例可知，产品设计过程中色彩的选取和运用是非常重要的，同时也需要非常慎重。如图5-13所示，吉冈德仁设计的作品《Brook》采用了奶灰色系，配上适当的材质，让原本棱角分明的造型透出生动、温馨和舒适的感觉。当褪去彩色或加大纯度，会发现产品

a）

b）

c）

图5-12 Reno 8的色彩

a）夜游黑 b）晴空蓝 c）微醺

的魅力大不如从前。

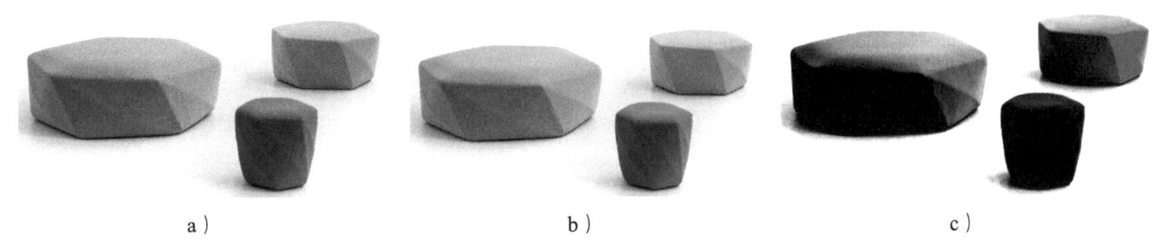

a）　　b）　　c）

图5-13　吉冈德仁设计的作品《Brook》

a）原图　b）灰度处理图　c）纯度处理+明度调整图

产品的用色虽不及自然界和视觉设计中所使用的色彩那般丰富，但它有属于自己的独特的用色特点和习惯，这里可以通过案例进行归纳总结，获得产品设计中用色所需的关键词。

4.2节中归纳的产品用色包括白色系、马卡龙粉色系、纯色饱和色系和无彩色系，分别适用于不同的产品及消费人群，并带有不同的情感。白色系呈现出安静、洁白、明快、纯正和干净清洁的感觉（见图5-14）。马卡龙粉色系呈现出轻盈、娇嫩、柔和、年轻和舒适的感觉（见图5-15）。纯色系色彩饱和艳丽、纯粹，呈现出一种果敢与肯定的感觉（见图5-16）。而无彩色系则会带给人冷静、硬朗、理性和沉稳的感觉（见图5-17）。

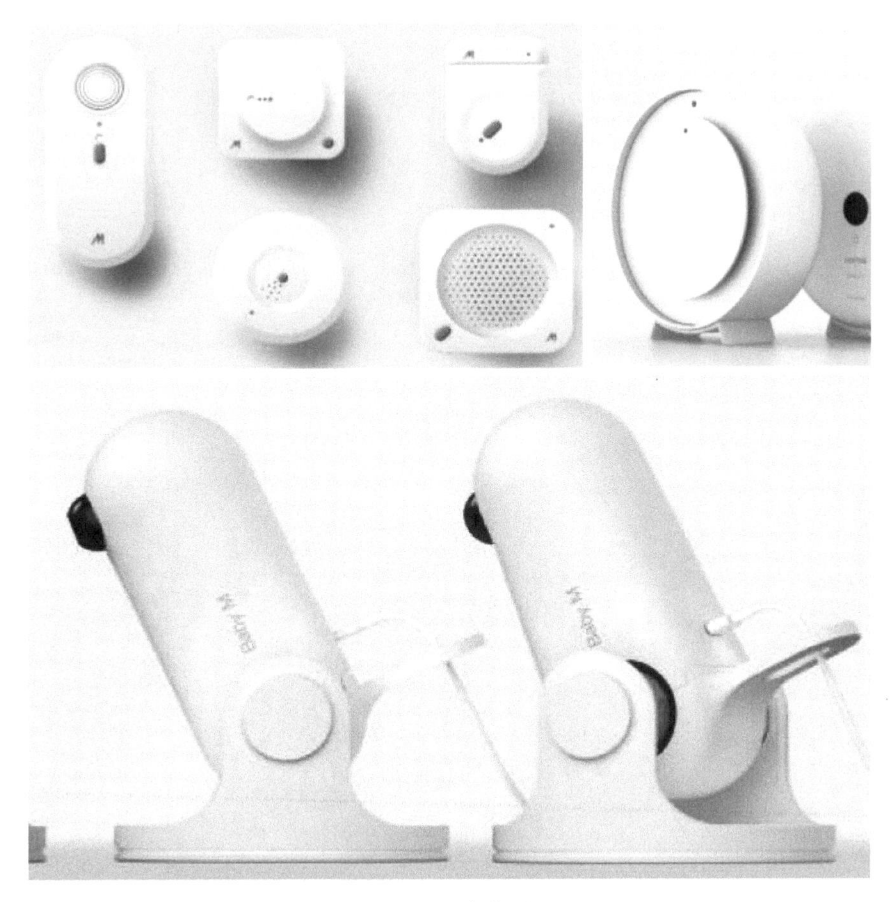

图5-14　白色系

图5-15　马卡龙粉色系

图5-16　纯色饱和色系

图5-17　无彩色系

5.2.3　质感提取与归纳

产品的造型、色彩、材质是一个整体，共同塑造了产品形态，也共同造就了产品的情感。材料及加工工艺是实现产品的必要手段，不同的材质及加工工艺所表达的效果有天壤之别，所传递的感觉也是丰富多彩的。

产品形态的质感会受到产品表面的材料和表面肌理的影响。不同的材料会呈现不同的、独有的感觉，如金属特有的坚硬的冷感，木材特有的温暖柔和感，以及陶瓷和玻璃的洁净感等。表面肌理是指通过物体表面的组织纹理结构，即各种纵横交错、高低不平、粗糙平滑的纹理变化，带给人不同的感觉，如粗糙感、光滑感、坚硬感或者刺痛感等。肌理能加强产品“态”的作用与感染力。

5.2.4　从“态”出发的风格再现

通过前文的分析总结，可以获得造型元素、色彩和材质肌理方面的情感因子，并在设计中综合运用它们，可以塑造一定的风格、丰富产品的表情，让消费者获得情感共鸣。为了便于掌握，可以运用形容词对其进行归纳，如曲线的—直线的、硬朗的—柔和的、理性的—感性的、高贵的—典雅的、简洁的—丰富的等形容词对来概括风格。根据5.2.1节中造型元素的“态”的归纳总结，这里选择几组基础的关键词进行分析：以直角、棱角为主所塑造的冷峻感，以圆弧线、曲线为主所塑造的温和感，以斜线、折线为主所塑造的运动感和以曲/异为主所塑造的活泼感，并探讨相关的产品形态创意设计。

1. 冷峻感产品形态创意设计

冷峻感表示冷酷严峻、沉着而有严肃感。用于形容产品形态时是指形态简洁而精练，少有无谓的修饰，不浮夸且挺拔；同时产品的形态刚劲有力、硬朗、棱角分明，并带给人一种理性且有距离感，不矫揉造作、内敛的气质。

造型元素：为了营造冷峻感的产品形态，可以选取直线、矩形等元素塑形，使形态棱角分明、转折清晰，转折则以直角、钝角为主，而非锐角（锐角显得尖刻）。

材质与色彩：材质表面细腻、光洁、平整；色彩以灰色系为主，可以搭配冷色系和纯色系。

冷峻感风格适合塑造更具严肃感的科技信息类产品，以及大型电子设备、机床、大家电等产品。例如图5-18a所示的LaCie（法国莱希）保时捷移动硬盘就采用了非常理性的矩形元素，凭借细腻的质感，以及通体灰色，搭配小面积的黑色和直线条的运行灯，它显得理性硬朗。图5-18b所示的AJ7音响，像一件家具一样可以融入家庭的空间。其基本的设计理念是“诚实和简单”，在造型元素方面，设计师采用直线和矩形的元素；在材质与色彩方面，选择黑色的织面加高级胡桃木，让AJ7音响整体简洁硬朗，且朴素、坚定。图5-18c所示的智能模块化机器人，其主体基础形态是矩形，转折处的倒角控制得较小，没有进行细节装饰，其简洁理性造型给人科学严谨的感觉。

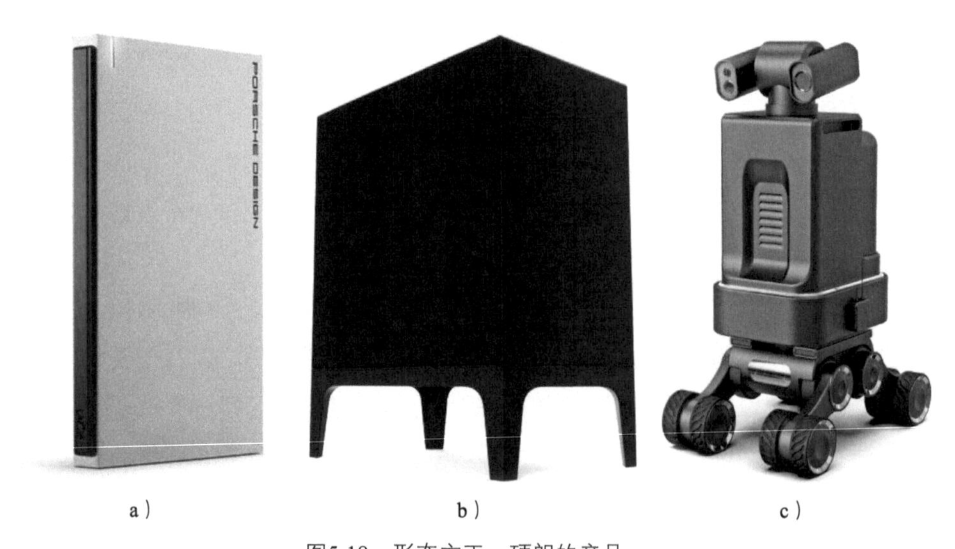

a）　　b）　　c）

图5-18　形态方正、硬朗的产品

a）LaCie（法国莱希）保时捷移动硬盘　b）AJ7音响　c）智能模块化机器人

2. 温和感产品形态创意设计

“温和”中的“温”有暖和、柔和、宽厚的意思；“和”字有融洽、和谐、温顺的意思。温和在形容物体时，指物体具备使人感到暖和，有适当的温度；形容性情、态度、言语等可以理解为温柔平和；形容气候时可以理解为不冷不热。温和感产品形态指给人以温暖、柔和、轻盈、细腻的感觉，没有激烈冲突，平和的感觉。温和感的产品还会给人舒适、放松和包容感。

造型元素：为了营造温和感，可以选取圆形、有大R倒角的矩形、椭圆、圆弧线、柔和的曲线、大R倒角及圆柱等元素，使形态的面具有一定的张力和膨胀感。

材质及色彩：材质细腻柔软，表面有一定的肌理且质地均匀，同时具有一定的弹性；色彩采用柔和的、饱和度不高的色系，如粉色系和白色系都比较受欢迎。

需要有亲和力的产品适合运用温和感风格，如玩具、日用品及小家电产品等。

图5-19所示，在摄像头、椅子和电饭煲的形态设计案例中，可以看到它们都选用以圆为主的基本型，例如，在椅子（图5-19b）的设计中，其坐面和靠背向外凸起，从侧面看也是膨胀的曲面造型。图5-19c所示的电饭煲整体圆润，采用大倒角处理，但在锅耳等小造型处采用小倒角处理，突显其力感；其侧面和按键操作面同样考虑圆形和椭圆，以获得统一。

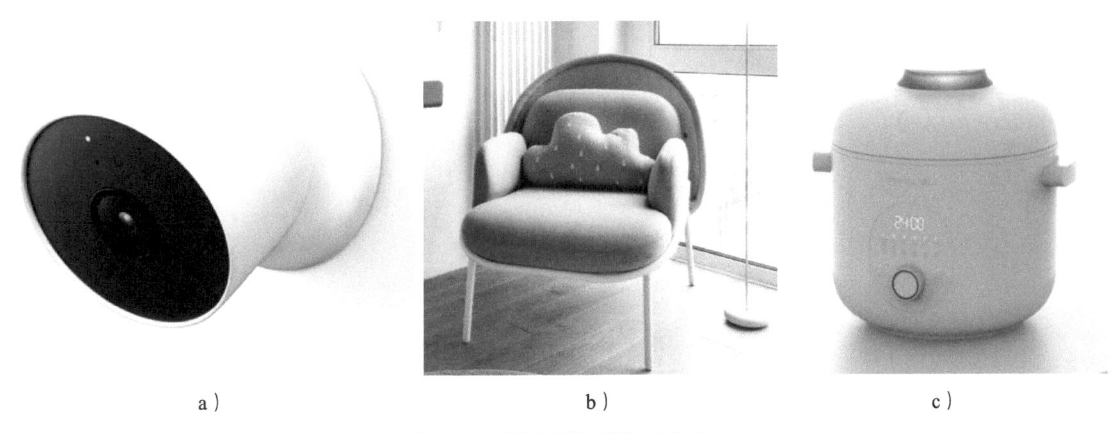

a） b） c）

图5-19 形态圆润温和的产品

a）摄像头 b）椅子 c）电饭煲

3. 运动感产品形态创意设计

运动，从哲学上解释，就是物体在时空中的线性的迁移/移动。此外，运动还包括运行、移动、挥动、运转转动、活动等意思。运动是极容易引起视觉强烈注意的现象。运动感和速度感、动感是分不开的。运动感并不是让产品真正动起来，而是让产品在方向、形状、大小和位置等方面产生一定趋势的变化，打破一定的平衡就可以产生运动感觉（见图5-20）。

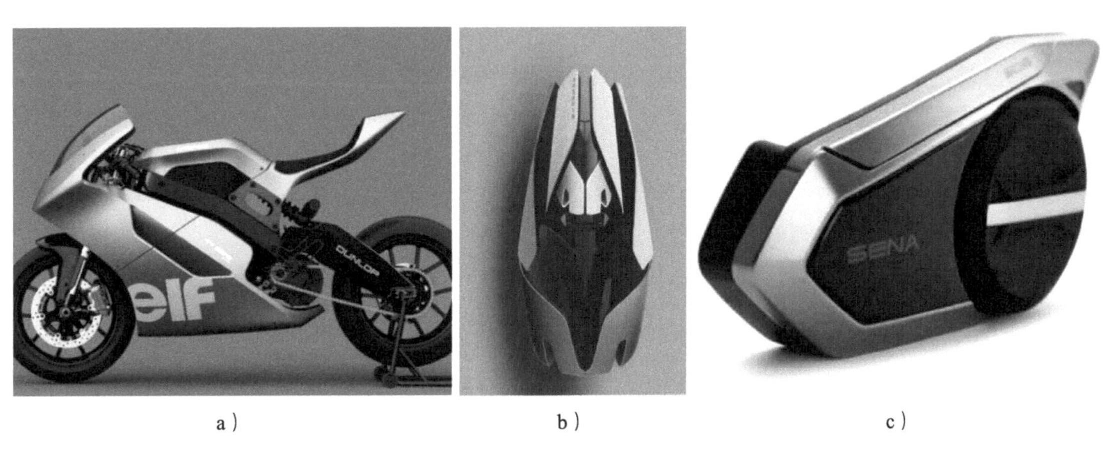

a） b） c）

图5-20 具有运动感的产品形态

a）elf改装摩托 b）概念汽车设计 c）SENA50S摩托车头盔用蓝牙耳机

造型元素：为了营造运动感，可以使用倾斜的线、折线、平行四边形、梯形等元素，不规则的、可以打破一定视觉平衡的造型元素也可以用来塑造运动感产品形态。

材质及色彩：运动感产品的材质丰富，因大部分与人的身体有接触，产品表面质感需要考虑亲肤，并有一定的弹性。其余的材质可以采用细腻光洁的材质，以减少其在空气中所受的阻力。运动感产品的色彩的选用非常丰富，如靓丽的色彩是动感产品的最爱。纯色系与重色系搭配使用或点缀荧光色系应用也非常广泛。

运动感的风格主要适用于户外产品、健身运动类产品，还有和速度相关的产品，如汽车、摩托车以及其衍生产品。图5-20所示的**三款与速度相关的产品设计**都使用了倾斜的线和折线，并在线条的末端让折线消失在转折形体中，大大增加了产品的动势。

4. 活泼感产品形态创意设计

活泼表示富有生气和活力，灵活，不呆板，使具有生气和活力的意思。人们常用活泼来形容小孩，因为他们伶俐、生动、自由且有活力，给人轻松和愉悦感觉。

造型元素：为了营造活泼感，可以使用自由曲线、自由曲面和不规则的线等元素。变化是塑造活泼感产品形态所需的必要条件。

材质与色彩：活泼感产品的材质选择应细腻温暖，色彩丰富。

活泼感的风格主要适用于儿童及年轻人的玩具类产品、趣味小物件，以及可以活跃家居氛围的装饰品、家居类产品。例如图5-21所示4种造型，基本都使用了圆弧线、自由曲线，从而使产品看上去圆润可爱，其色彩更是采用了粉色系和纯色系。

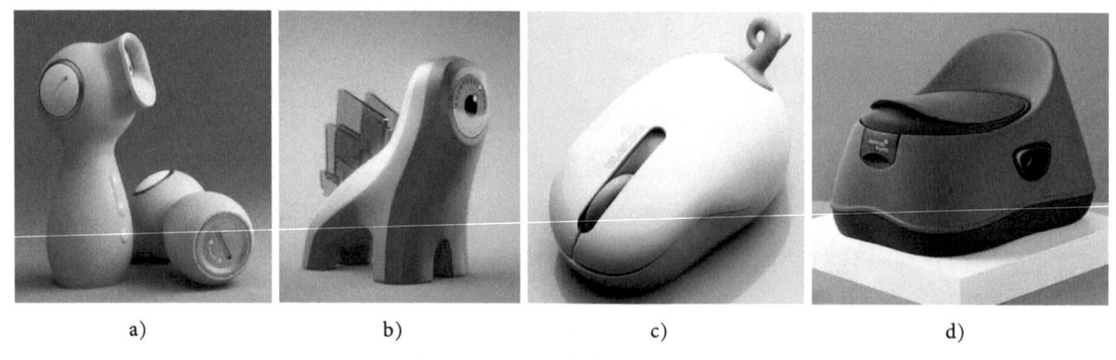

a)　　b)　　c)　　d)

图5-21　具有活泼感的产品形态

a）儿童温度计　b）摄像头　c）鼠标　d）儿童马桶

如图5-21b所示的摄像头产品使用透明的、不规则排列的几何片做脊背，其透明材质与主体不透明材质形成变化；其背脊的几何直线造型与产品主体凸起的棱线又产生了呼应。如图5-21c所示的鼠标，粉红色卷曲的猪尾巴与粉红色的滚轮形成色彩的呼应，卷曲的造型与主体圆润的形态特征线形成变化。这些造型、色彩和材质呼应和变化形成了趣味，让产品生动且具灵性。

5.3　产品形态创意之由“意”到形

产品形态创意之由意到形中的“意”代表意义、意境和意象，产品形态创意的由意到形，就是通过“意”与“形”产生关联，使消费者能通过“形”理解“意”，从而获得共鸣。曾有一家珠宝商，以西游记中孙悟空的紧箍咒、金箍棒为灵感设计了两款戒指，寓意“永远爱你”，让人眼前一亮，引发了不小的传播效应。该珠宝商正是使用了**象征**表达，使大家获得一个联想：不分开的“紧箍”这个象征符号与产品之间形成了恰当的组合。象征符号和产品之间需形成恰当的组合，而不是贴标签、画脸谱，是要与产品的某种内涵意义关联起来。象征符号只是把产品的某种已经存在的内涵意义通过**类比、引申和置换**等方式释放出来。

部分产品形态仿生设计运用由“意”到形的创意设计。如图5-22所示，利用蜜蜂的圆形腹部及其尾部可以伸出尖锐毒刺的符号，与牙签盒需要空间和可以抽出像蜜蜂毒刺一样尖锐的牙签构成关联，借助类比方式将它们的相似性运用于设计之中。这种使形与形、意与形之间建立关联，可以让一个小物件具有精彩的戏剧性的连接。打动观者的不只是产品的造型，更重要的是那种如临其境的现场感和经由简单视觉刺激而直入内心的情感交融。当人们需要使用牙签时，每抽取一根，就会经历一次微妙的心理活动，尤其是曾经观察过蜜蜂或和蜜蜂有过“互动”的人。由该设计案例可知，由“意”到形的产品形态创意不只是停留在从“形”到形的层面，而是升华到意义、意境的延伸。

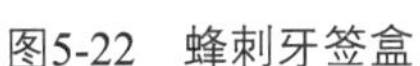

图5-22　蜂刺牙签盒

图5-23　叶子餐盘

图5-23所示为由日本设计师田村奈惠所设计的米兰设计周获奖作品——名为四季（Seasons）餐具，它似树叶一般片片轻盈，似兰花一般清新淡雅，似翡翠一般碧绿剔透，似美食一般阵阵飘香。这套餐具使用的是硅胶材质，柔软有弹性。其设计的灵感来源于树叶，使用时可以放平盛上食物，收纳时可以卷起来。正如设计者田村奈惠说的：“在我的故乡，春天，人们用樱花树的叶子包裹糖果；夏天，人们将成熟的西红柿切片盛放食物；秋天，枫树叶会被用来装饰餐桌；而竹叶的芳香则是为冬天准备的。寒来暑往，花开花谢，生生不息”。这套餐具的外观和真正的树叶相差无几，每一“片”餐盘都富有弹性，通过将树叶的意义**引申**到餐具设计中，可使整个设计风格变得极其朴素，却流淌出自然的味道，让人久久回味。

2008年北京奥运会火炬的整体造型设计灵感源于中国传统的纸卷轴（见图5-24），其实就是运用意义的**置换**。奥运火炬通过在世界各地的传递来宣传奥运及其举办国——中国，让人们了解奥运、举办国及其文化传统和价值观。火炬就是文化传播和交流的载体。纸卷轴承载了中华文化的精髓：诗歌、书法、国画等，而纸又是中国的四大发明之一，通过丝绸之路传播到西方，人类文明随着纸的出现得以世代相传。纸卷轴的火炬载着具有代表性的中国文化符号——“祥云”将北京奥运会吉祥、祥和的信息传到了全世界。这种内在的、强烈的相关性让文化符号的运用变得自然、贴切。

图5-24　2008年北京奥运会火炬及其细节

受到动画电影中有趣的小怪兽的启发，设计师魏巍·马勒（Vivien Muller）设计了一款名为WATCH-me的苹果智能手表充电底座（见图5-25）。搭配上配套App，充电时，手表上会显示一只会动的大眼睛，手表与充电底座一起立刻变身为“大眼萌”。如同使用者的伙伴一样，充电底座让苹果智能手表的陪伴、健康监测、管理等意义得到提升。即使是在手表充电时，它也会时刻关注使用者：当使用者从它旁边经过时，它会看着使用者、有趣的小怪兽成为陪伴使用者的伙伴。然而这个创意需要多方配合才能实现，但产品形态创意起到了非常重要的作用。

图5-25　苹果智能手表与名为WATCH-me的手表充电底座

从“意”到形的这类产品形态设计创意中，需要找到与产品外延意义有关的经验，并将其关联起来，如牙签与蜜蜂毒刺的尖刺，树叶与餐盘的包裹与盛放食物，以及火炬传递与文化传播，用人们所理解的“意”（意义、意境或者符号）去结合产品的外延意义，通过**类比、引申或置换**的方式将其戏剧性地关联起来。之后，将其“意”再转化、塑造为产品的形态。该种创意能激发观者联想起与这个“意”有关的事物的心理体验，从而帮助观者更准确地解读产品，并获得良好的体验和满足感。

5.4 实例详解

1. 案例：火星探险地表探险科研考察车概念设计

该案例是一个概念设计，主题为基于火星探险背景下的有人驾驶地表探险科研考察车设计。载具的使用场景设置为介于火星建设基地与火星荒地的环境之中。载具具备长时间、长途户外的科研考察及运输的功能。在进行创意前，设计者先进行设计主题关键词的提取：概念、科幻、火星探险、载具。在造型前，根据关键词选取素材——造型意向图（见图5-26），并对其进行认知（分析归纳），得出初期方案：①在造型意向上，选择简洁且具科技感的造型，基础形采用整体方正的矩形、梯形，表面平整，转折处进行倒角设计。②在材质及色彩处理意向上，可使用大面积无彩色设计，如白色、灰色、深灰色等；材质选用具有科技感的金属材质。③细节处理凸显科幻感，在表面添加轮廓光及灯带以增加表现力。

图5-26　造型意向图

对素材进行分析后，获得相关信息和提取的造型特征，结合科研考察车的功能设定对其进行大量的草案绘制，设计出科研考察车的基础功能形态（见图5-27a）。通过多方评审和权衡，选取方案进行优化。在对选出的方案进行数字模型优化的过程中，对车体、底盘、轮胎等部分进行细化，对生硬的转折进行圆润的倒角处理，在其顶部增加了功能部件，如探测的雷达、短波红外线探测等设备，加强了科研考察车的功能（见图5-27b）。

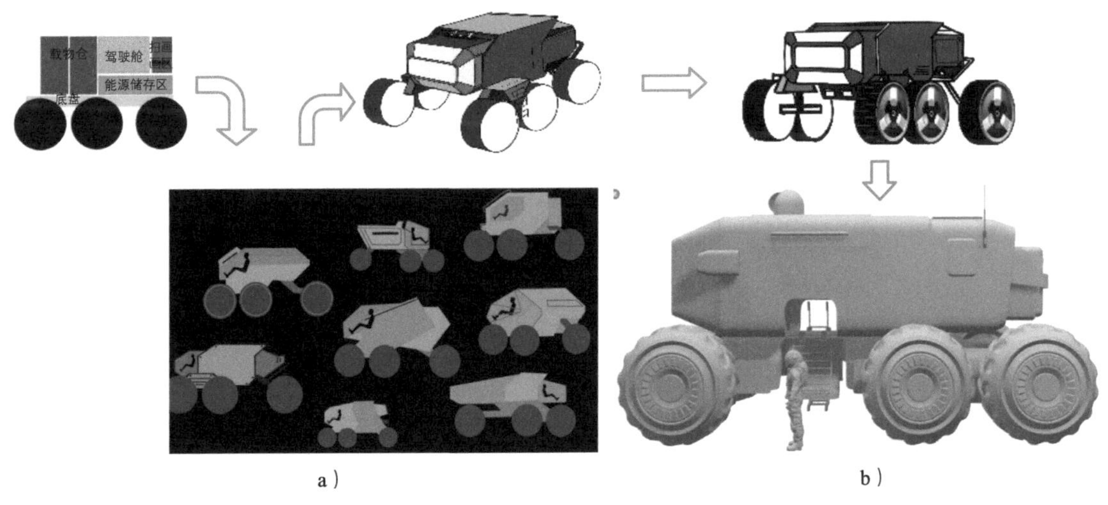

图5-27　科研考察车的功能布局、草案及推敲与深化

a）科研考察车的基础功能形态　b）科研考察车的功能加强后

确定数字模型后，对方案进行配色和材质搭配设计。如图5-28所示，车身以金属材质为主，并喷涂了大面积的浅银色、小面积的深灰色，凸显简约的科技感。车体后部的电池仓与水箱的设计采用醒目的橙红色，可与火星地表颜色相呼应，并起到警示作用；车体的前侧为采用全透明玻璃的驾驶舱，照明用车灯设置在驾驶舱两侧，下方设置了红色的行驶指示灯。经过方案优化，根据使用场景渲染展示效果，最终完成展示效果图（见图5-29）。

图5-28　配色和材质的搭配设计——渲染效果图

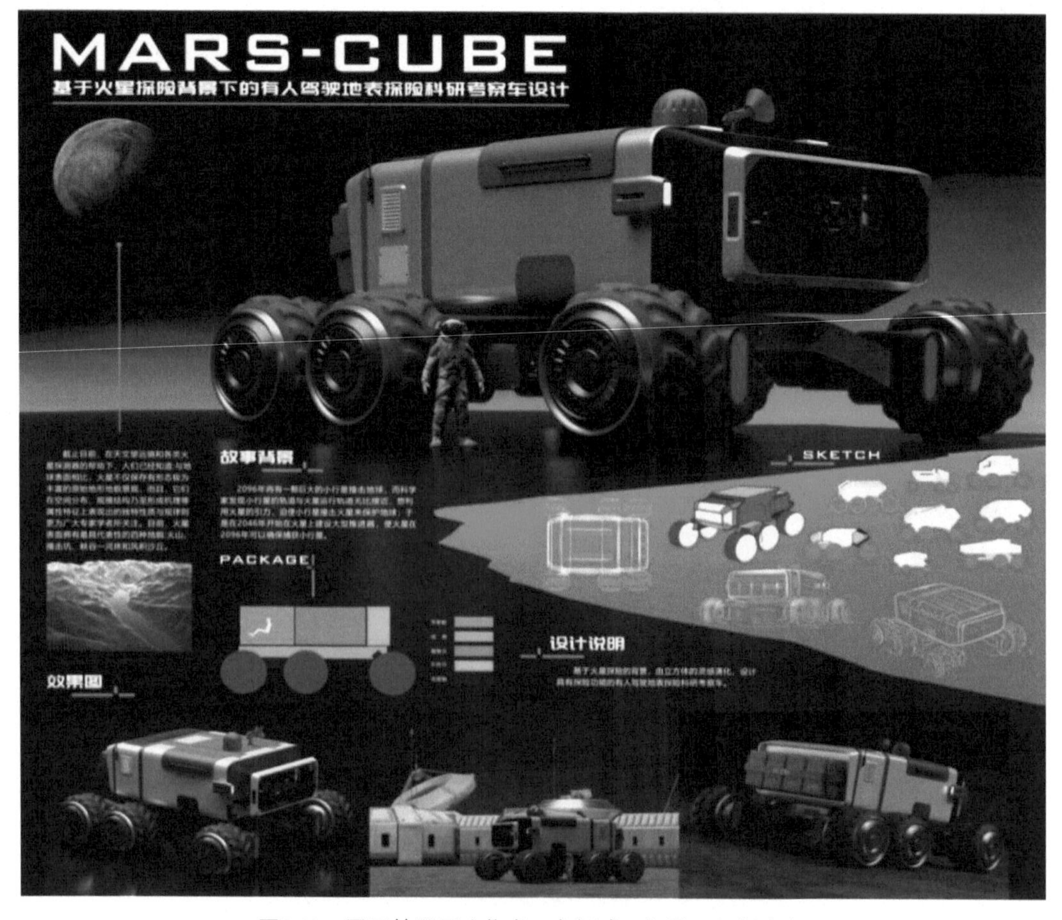

图5-29　展示效果图（作者：宗新成　指导：阳耀宇）

2. 案例：工业级直升机的形态设计

该案例源自一个工业级直升机设计研发项目中的直升机外观造型设计。其设计的功能定位是军品兼民品（工业级），初步考虑是无人机（需要考虑测乘坐位，供检测员检测时乘坐），造型要求为犀利且具动感。在研发人员确定了直升机内部结构和基本尺寸后（见图5-30），设计者就开始进行方案创意。

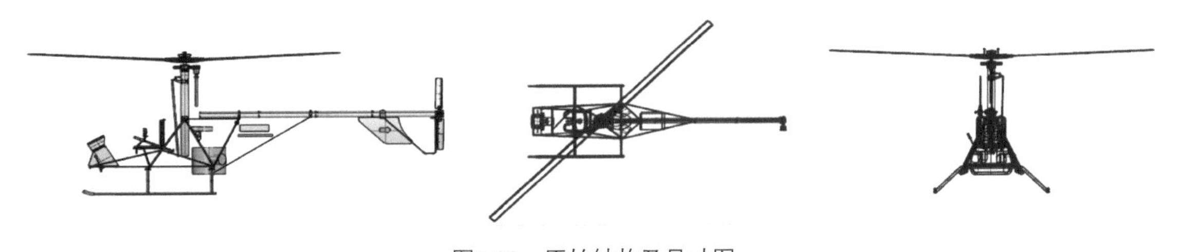

图5-30　原始结构及尺寸图

初步提案：研发人员虽给出了无人机的结构尺寸和清晰的形态定位，但是设计仍然有较多限制条件。设计者首先从犀利且具动感的形态定位出发，进行多个角度的分析：犀利在造型语言上表现为坚固锋利，动感则表现为运动速度感。为了设计出犀利且具动感的造型，同时符合空气动力学原理，设计者分别提出了几何锋利感和流线速度感的造型设计思路，如图5-31a、b、c三个设计思路趋向几何锋利感，图5-31d、e两个则趋向流线速度感。

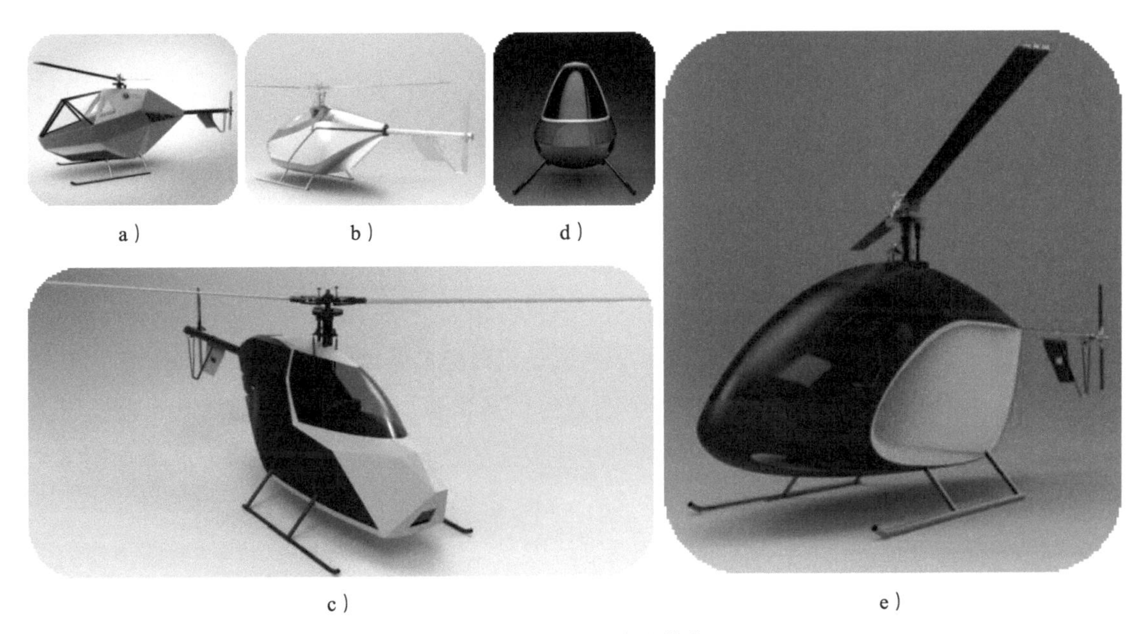

图5-31　不同方向的草案

方案设计：因直升机需要先满足军品需求，并要考虑反雷达设计，经过多方评审，最后确定深入拓展直面犀利的造型方向；细化产品的功能，如装载监控摄像头和少量武器，并满足反雷达设计要求（直面造型）；造型凸显更强悍、硬朗的风格。针对改进意见，设计方向更为明确，设计者进行第二轮提案（见图5-32）。

a）　b）　c）　d）

图5-32　硬朗犀利造型方向的深化与拓展

方案深化：通过评审，最终选取图5-32b所示的方案进行深化。在深化的过程中设计者不仅需要将产品的功能进行细化落实，还需推敲整体与局部的形态关系。根据设计的诉求，首先在保留内部座椅不变的情况下，对原来的头部空间进行适当地压缩，机身的动势得到了加强。调整进气口造型（外），优化内部测试座位的腿部空间；调整机身上的覆盖件，巧妙地设置测试人员和安装人员的出入口，在机身发动机对应位置增设维修口，方便安装人员填装、调试、维修设备和检测人员出入操作；调整机身和添加附属造型为可装配武器提供支撑。调整鲨鱼腮进气口造型与贯穿机身的直线呼应，加强的机身形态的整体性，表面简洁的平面化处理，造型更加犀利强悍。

细节深化：在确定了整体造型后，还需进行细节深化。细节深化主要包括整体造型的微调、局部造型的细化和配色设计等。在本设计中，为了改变整体造型的尖利感，微调整体造型，特别是尾部造型；修改了武器悬挂翼的造型，增加了下机体尾部的上收折面，便于空气流动。细化进气口造型，结合与整体的关系，强化其犀利夸张的鲨鱼腮特征（见图5-33）。细化配色方案，最终效果如图5-34所示。

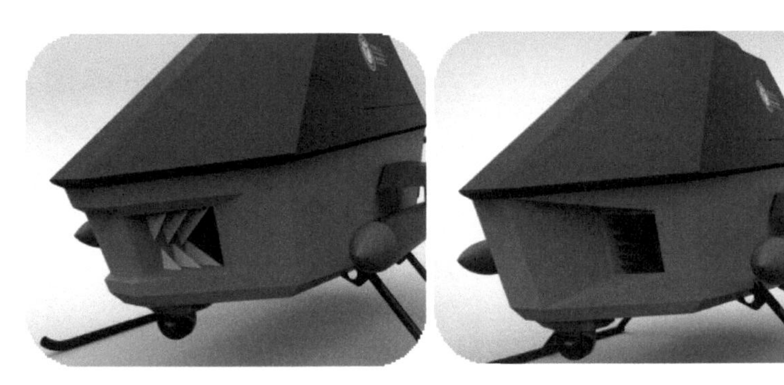

图5-33　进气口造型细化设计方案

图5-34　最终效果图（设计：柯善军　成振波）

在该设计项目中，委托方给出了产品造型的意向关键词，设计者根据关键词确定造型意向，然后通过提案与委托方进行深入沟通，以了解其更深层次的、潜在的需求，并对选取方案进行深入优化，最终获得相对理想的形态，圆满完成设计任务。

本章训练

1. 课题训练——形态提取与重塑练习（一）

课题名称： 形态提取与重塑练习（一）

训练目的： 产品形态创意设计——形态特征提取与重塑训练；提升快速表达能力。

内容要求： 根据本章所学内容，从图5-35中选取一造型元素进行提取，对提取的形态进行认知、演化，最后将演化获得的形态，结合具体产品功能进行形态重塑，完成一个或多个产品形态设计。产品类型不限。

提交要求： 画在3张A3纸上。

评价依据： ①形态特征提取方法合理，有推敲过程。

②提取形态元素重塑过程清晰。

③快速表达、整体效果。

练习时长： 约4学时。

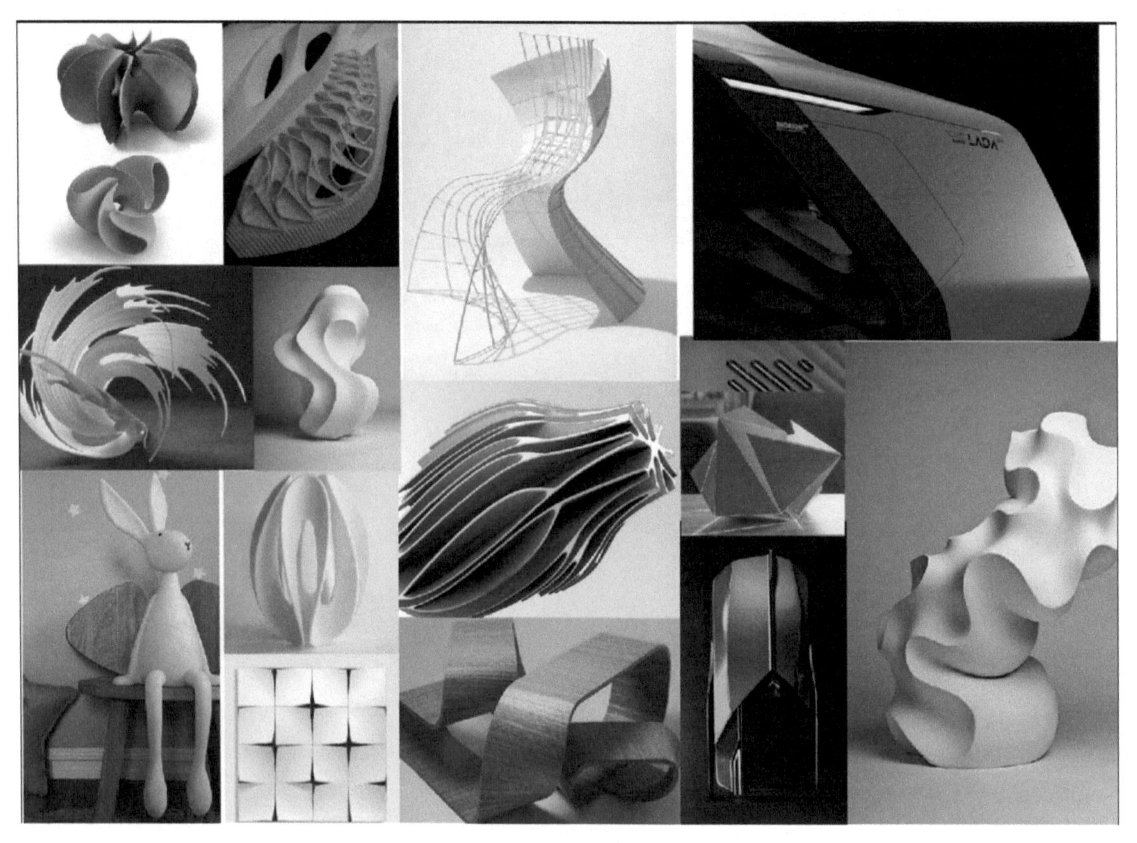

图5-35 造型元素示例

2. 课题训练——形态提取与重塑练习（二）

课题名称： 形态提取与重塑练习（二）

训练目的： 产品形态创意设计——形态特征提取与重塑设计训练，同时提升快速表达能力。

内容要求： 根据本章所学内容，选择自己喜欢的游戏角色、影视作品或者产品形态，提取它们某些的**特征点**，并将这些特征进行演化重塑设计，完成一个产品的形态设计（或者系列产品形态）。提取的特征可以是突出的造型元素，也可以是形态的结构、组合关系，或者整体轮廓等。

提交要求： 画在A3纸上，并在线提交电子文档。

评价依据： ①形态特征提取方法合理，有推敲、演化过程。
②提取元素重塑过程清晰。
③快速表达、整体效果。

练习时长： 约4学时。

3. 课题设计——风格再现

课题名称： ××风格的系列产品形态创意设计
根据所学的内容，选择的一定的造型风格，进行一个系列（3个）的产品形态设计。

训练目的：综合运用所学知识进行产品形态创意设计。

内容要求：通过调研，总结分析该类风格的“形”和“态”的特点，总结出关键词，寻找意向图，确定设计产品类别，分析其功能形态，将该风格的“形”和“态”运用于自己的设计中。

注：在设计中，需要考虑所选的产品类别与主题关系，同时兼顾产品的需求和功能。具体要求如下：

①进行设计风格的调研，完成简洁的调研分析报告。

根据所选择的风格，收集相似的（产品、设计、图片等）图片多张（不少于10张）。对收集的产品或设计图片进行整理，并从形态、色彩、材质方面进行梳理、总结出关键词。

②进行草案设计及评价，选出方案进行深入设计。

进行草案设计（至少3系列）。选择一个系列进行深化设计与表达，最终以三维形式（或PS）表达。

③撰写汇报PPT，并演示汇报设计成果。

将设计思路和设计成果进行整理，撰写汇报文档，汇报展示调研、设计方案及设计成果。

提交要求：设计报告书1份。

①调研部分：收集产品、设计或图片进行分析、分类总结。

②草案和相应的设计说明。

③详细设计和最终效果图1张，A4幅面，精度超过200dpi。

评价依据：①系列产品选择合理，形态功能、语意表达等正确。

②系列的产品形态的造型语言特征、色彩及材质搭配协调，风格统一。

③提交资料完整，展示讲解清晰。

练习时长：约16学时。

参考文献

[1] 原研哉. 设计中的设计[M]. 朱锷，译. 济南：山东人民出版社，2014.

[2] DONAID A N. 设计心理学3：情感化设计[M]. 何笑梅，欧秋杏，译. 北京：中信出版集团，2015.

[3] DONAID A N. 设计心理学1：日常的设计[M]. 小柯，译. 北京：中信出版集团，2015.

[4] 叶文诗. 便携式露营灯设计[D]. 重庆：重庆理工大学，2019.

[5] 善本出版有限公司. 智能产品设计[M]. 北京：电子工业出版社，2017.

[6] 邢袖迪. 智能家居产品：从设计到运营[M]. 北京：人民邮电出版社，2015.

[7] 伦格尔. 室内空间布局与尺度设计 [M]. 李嫣，译. 武汉：华中科技大学出版社，2017.

[8] 佐藤大，川上典李子. 由内向外看世界：佐藤大的十大思考法和行动术 [M]. 邓超，译. 北京：北京时代华文书局，2017.

[9] DONAID A N. 设计心理学2：与复杂共处[M]. 张磊，译. 北京：中信出版集团，2015.

[10] 陈根. 决定成败的产品美学设计[M]. 北京：化学工业出版社，2017.

[11] 丁毅，仉春辉. 形态基础与产品设计[M]. 青岛：中国海洋大学出版社，2016.

[12] 丁寅. 产品造型感知意象及其在产品设计中的创新性应用研究 [D]. 江苏：南京航空航天大学，2010.

[13] 孙凌云. 智能产品设计 [M]. 北京：高等教育出版社，2020.

[14] 喜多俊之. 给设计以灵魂：当现代设计遇见传统工艺[M]. 郭菀琪，译. 北京：电子工业出版社，2012.

[15] 理查森. 椅子100 [M]. 乔阿苏，译. 北京：新星出版社，2018.

[16] 刘斌. 设计史太浓：创意国家漫游记[M]. 北京：机械工业出版社，2020.

[17] 薛刚，张诗韵. 产品设计概论[M]. 北京：人民美术出版社，2012.

[18] 徐恒醇. 设计符号学[M]. 北京：清华大学出版社，2008.

[19] 李锋，吴丹，李飞. 从构成走向产品设计：产品基础形态设计 [M]. 北京：中国建筑工业出版社，2005.

[20] 宋玉凤，贾乐斌. 工业设计专业平面构成教学探讨：从基本形到产品外观造型加减法[J]. 艺术与设计：理论版，2008（7）：97-99.

[21] 德鲁西奥-迈耶. 视觉美学 [M]，李玮，周水涛，译. 上海：上海人民美术出版社，1990.

[22] 陈朝杰. 产品设计表达中的视觉语意得研究[D]. 江苏：江南大学，2007.

[23] 郑祖芳. 产品形态设计的差异化研究[D]. 湖北：武汉理工大学，2006.

[24] 康德. 判断力批判：上卷[M]. 宗白华，译. 北京：商务印书馆，1985.
[25] 鲍桑葵. 美学史[M]. 张今，译. 北京：商务印书馆，1985.
[26] RUDOLF A. 艺术与视知觉[M]. 滕守尧，译. 成都：四川人民出版社，2001.
[27] 傅贵涛. 产品创意的核心构成：意境与形式[M]. 北京：中国建筑工业出版社，2010.
[28] 贺莲花，魏莹，成振波. 点元素在产品形态设计中的应用[J]. 包装工程，2009，30（5）：108-110.
[29] 贺莲花，刘红杰，柯善军. 线元素在产品形态设计中的应用 [J]. 包装工程，2012，33（18）：92-95.
[30] 泊明. 娱乐化思维：所有生意都值得重做一遍[M]. 北京：机械工业出版社，2021.
[31] 宗新成. 基于火星探险背景下的有人驾驶地表探险科研考察车设计[D]. 重庆：重庆理工大学，2022.
[32] 吴祖慈. 艺术形态学[M]. 上海：上海交通大学出版社，2003.
[33] 原研哉，阿部雅世. 为什么设计[M]. 朱锷，译. 济南：山东人民出版社，2010.
[34] 后藤武，佐佐木正人，深泽直人. 设计的生态学[M]. 黄友玫，译. 桂林：广西师范大学出版社，2016.